上海出版资金项目
Shanghai Publishing Funds

天文史话

王渝生 主编

邓可卉——编著

中国科技史话·插画本

THE HISTORY OF SCIENCE AND TECHNOLOGY IN CHINA

U0198281

上海科学技术文献出版社
Shanghai Scientific and Technological Literature Press

图书在版编目（CIP）数据

天文史话/邓可卉编著．—上海：上海科学技术文献出版社，2019

（中国科技史话丛书）

ISBN 978-7-5439-7812-6

Ⅰ．① 天… Ⅱ．①邓… Ⅲ.①天文学史—中国—普及读物 Ⅳ．① P1-092

中国版本图书馆 CIP 数据核字 (2018) 第 298945 号

"十三五"国家重点出版物出版规划项目

选题策划：张　树
责任编辑：王倍倍　杨怡君
封面设计：周　婧
封面插图：方梦涵　肖斯盛

天 文 史 话
TIANWEN SHIHUA
王渝生　主编　邓可卉　编著
出版发行：上海科学技术文献出版社
地　　址：上海市长乐路 746 号
邮政编码：200040
经　　销：全国新华书店
印　　刷：昆山市亭林印刷有限责任公司
开　　本：720×1000　1/16
印　　张：8
字　　数：111 000
版　　次：2019 年 4 月第 1 版　2019 年 4 月第 1 次印刷
书　　号：ISBN 978-7-5439-7812-6
定　　价：38.00 元
http://www.sstlp.com

目录
Contents

1 三垣、二十八宿

星官与星图

由于对星空的不断观测，人们对星星逐渐熟悉起来。为了方便观测和记忆，人们逐渐把它们划分成群，各群的星数多寡不等，多到几十颗，少的只有一颗。把一群之内的星用各种假想的线联系起来，可以组成各种图形。于是很自然地，人们用生产和生活中所接触到的物品对这些图形进行命名。这样的群，古代称为星官。例如，连接北斗七星，构成一只长把的勺，和古代的酒斗——"斗"很相似，所以就取了"北斗"这个名字。又如箕宿四星，可连成一个簸箕的形状，所以起名为"箕"。古代的诗歌中就有对这些星群的形象比喻：

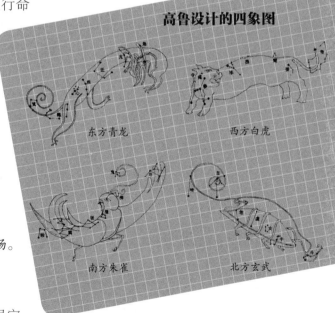

高鲁设计的四象图

东方青龙　　西方白虎

南方朱雀　　北方玄武

　　　"维南有箕，不可以簸扬。
　　　维北有斗，不可以挹酒浆。"

一般来讲，一些早期命名的星官，大都和当时人们生产和生活中较多接触的事物有关。例如，箕、定之类农具；弧矢、毕之类猎具；车、船、斗等生活用具；鼋、狼等动物；老人、织女等人物。

据统计，在先秦著作中所记载的星官数大约有 38 个，包括的恒星数目大约有二百余颗。战国时期的著名天文学家石申（又被称为石申夫）所撰的《天文》八卷虽已佚失，但是，在唐朝瞿昙悉达编的《开元占经》中摘引有"石氏曰……"的条文，这个石氏应该就是石申及其学派。这些"石氏曰"的条文中涉及的星座，连二十八宿在内共有一百二十官，组合星数五百余颗，现在一般认为，这些星官中至少有一部分是石申时代留下来的。

司马迁著的《史记·天官书》是最早系统地描述了全天星官的著作。司马迁写该书的时候请教过当时的天文学家唐都等人，同时也参考了当时还留存的战国时期甘德、石申、尹皋、唐昧等星占家的著作。

把全天的星按照某种投影原理，画在平面上就是星图。古代刻画星图的载体有丝帛、纸张、石板等。许多星图发掘于古代墓室。隋唐时期出现了以赤极为中心的圆形星图，这种星图中，赤道当然是个正圆，而不与赤极等距的黄道则是一个扁圆。

由于圆形星图存在着投影上的缺点，即星图上赤道以南的星官的形状变形程度很大，为了弥补这个缺点，在隋朝前后出现了一种用直角坐标投影的卷形星图，称作横图，横图对赤道附近的星官可以表现得比较好，但是，表现赤极附近的星官又发生了困难。为了避免这个困难，后来就分开来画，把赤道附近的星画在横图上，而把赤极附近的星画在另一张以北极为中心的圆形图上。星图的优点是形象，使人容易辨认星官。但是星图复杂，难以记忆。于是人们便开始借用带有韵律的诗文、歌诀来描述全天星宿。

《步 天 歌》

汉以后，随着天文学的发展与传播，人们感到需要一种能够帮助辨认和记忆全天星官的工具，于是有些人使用韵文、诗歌的形式介绍全天星斗。

约到 7 世纪末学者王希明著《丹元子步天歌》。这部书是用七字一句的诗句介绍包括陈卓所总结的 283 官 1 464 星，诗句有韵，歌词简洁,描绘生动形象并配有星图,易于记诵。人们读它时就好像是沿着天上的星官,漫步在天空的繁星之间一样。因此它很快就流传开来,使人们在辨认和记忆星官上得到很大的帮助。《丹元子步天歌》后来成了天文学家们开始学习天文时的必读之书。这本书在古代天文知识的传习上起了很大的作用。

《丹元子步天歌》中,对星空的分区方法上也和以往所流传的各种天文书不太相同。它把全部天空分作三十一个天区,即后世流传的所谓"三垣二十八宿"的分区法。把三垣、二十八宿作为划分天区的主体,是《丹元子步天歌》的创造。这种划分法一直沿用到近代,也是我国古代天文学中别具一格的特色。

亚述人建立黄道十二宫概念

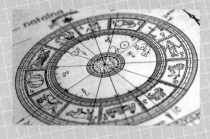

这是中国天文学史中至今没有明确定论的问题之一。主要是由于缺乏早期的证据。目前学术界主要有两种看法。日本学者新城新藏曾提出西周初年就已形成了二十八宿体系。他的理由是在《尚书》《夏小正》等书中，已经出现二十八宿的个别星名。但是，二十八宿个别星名的出现和二十八宿体系的形成终究是两回事，不能相提并论。所以这个推论并未被人们所接受。中国考古学家夏鼐曾进行综合讨论认为，二十八宿体系确立的年代，就文献而言，最早是战国中期，见于甘德、石申的著作。

关于二十八宿体系确立的时代

二十八宿

二十八宿，"宿"在此读为 xiù，次也，也称二十八舍，其含义与月亮在天空的行径有关，即月亮的二十八处宿舍。这是因为二十八这个数字与月亮运动周期有关。月亮自某恒星起，运行一周又回到该恒星处，所需的时间称为恒星月，为 27.32 日。取其整数，便为 27 或 28 日。若将月亮每晚行经的星座看成一个星宿，那么，月亮绕行一周，便为 27 或 28 个星宿。这便是二十八宿的来历。中国习惯使用二十八宿，印度习惯使用二十七宿。但是，印度也有二十八宿的说法，中国早期也有二十七宿。使用二十七宿时，就将室、壁二宿合在一起，称为营室。

二十八宿分作四方或四陆，每方七宿，与四象相配，即：东方苍龙，配以角、亢、氐、房、心、尾、箕；西方白虎，配以奎、娄、胃、昴、毕、觜、参；南方朱雀，配以井、鬼、柳、星、张、翼、轸；北方玄武，配以斗、女、牛、虚、危、室、壁等。

由于二十八宿星官在天上的分布疏密并不均匀，所以这二十八个区域的大小也相差很大。最大的井宿所占的赤经范围达三十多度，而最小的觜宿、鬼宿则只有几度。由于岁差的影响，各宿的距度在不同时代也有些变化。

二十八宿中某些宿的宿名起源很早，西周文献中就有二十八星的观念和粗略的划分方法，也开始出现了二十八宿的个别星名。湖北随州擂鼓墩1号墓曾侯乙墓发掘中，出土了一件漆箱，在它的箱盖上围绕北斗的"斗"字，出现了完整的二十八宿星名。在两端还绘有苍龙与白虎，他们位置与二十八宿是相配的。这个墓的时代大约是在公元前430年。这件器物的出土，把关于二十八宿及四象记载的可靠凭证，提前到了5世纪，也就是春秋末年到战国初年。

二十八宿体系的产生，最初就是为了标志日、月、五星的运动位置，后来人们用它们作为划分星空区域的基本系统。

垣，本义为墙垣。古人将北极周围邻近的星座，用想象的虚拟线条连为三个星空区，各区都以东西两藩的星绕成墙垣形式，故取名为三垣，紫微垣、太微垣和天市垣，作为天宫中天帝的官署。作为星官来说这些名称的起源也是比较早的，但定型却稍晚，而且并没有把他们直接作为划分天区的主体。以三垣作为三个天区的主体，要到《丹元子步天歌》中才完全确立。

紫微垣所在的天区是北极周围，包括在我国黄河流域一带常见不没的天区部分。把二十八宿星官与紫微垣天区之间空隙较大的区域又划出了二垣，即星宿、张宿、翼宿和轸宿以北的天区称作太微垣；房宿、心宿、尾宿、箕宿和斗宿等以北的天区称作天市垣。三垣中每垣都有若干颗星作为框架，界限出这三个天区的范围，它们就好像是围墙一样。把这些星官称作垣，的确是很形象的。

河北宣化出土辽朝▶
星象图（摹本）

知识链接
唐与辽朝的两幅墓葬出土星图

1973年，在新疆吐鲁番阿斯塔那唐墓中发现一幅星图。图绘在墓室的四壁上部和室顶部。四壁上部绘的是二十八宿，星点间用细线相连，构成二十八宿示意图像。东北壁星宿图像上部还用红色绘一圆形，内画一金乌，以示太阳。西南壁上部则用白色绘一圆形，内有桂树和持杵玉兔图形，这是表示月亮。在月亮边上画有一弯月，象征月相。横贯墓顶有一束白色线条，这是象征银河。这幅示意图描绘的是中原地区的星象知识和神话传说，也反映了新疆地区和中原地区的交往与联系。

另一幅星图是1971年在河北宣化的一座辽墓中发现的。墓葬距今已八百余年。星图在墓后室顶部，图的中心嵌铜镜一面，四周绘昌莲花，莲花之外绘日、月、五星及北斗。再外就是二十八宿星官图形，最外圈画十二个小圆，圆中绘黄道十二宫图形。

2 星表与星图

石 氏 星 表

　　在唐朝的著作《开元占经》中记载了一份古代观测恒星位置的星表，内容包括二十八宿及石氏星官的距星共 121 颗星的赤道坐标，其中有"石氏曰……"的字样。但是今本《开元占经》中丢失了石氏中星官共六官，因此现在只剩下 115 颗星的坐标位置。现在认为"石氏"就是指战国时期魏国的石申——又作石申夫，约前 4 世纪，他著有《天文》八卷，另外还著有《浑天图》等。石申的这些著作现在均已散佚，但是从《开元占经》的引文中，可以看到有关星占方面的内容，以及这个"石氏星表"。

　　各星官之间的相对位置以定性方法描述。经过长期的天象观测，石申得 121 官 809 星，甘德得 118 官 511 星，两者之间互有异同。大约于公元前 70 年，石申完成了包含有 121 颗恒星的赤道坐标值的石氏星表。

　　由于《开元占经》是唐朝的著作，它所引的这份"石氏星表"是否真是战国时期所测，人们对此是有疑虑的。学术界对《开元占经》中的石氏星表进行了研究，得到截然不同的两种结论，有人认为是汉朝所测，也有人认为是战国时期所测。

　　中国宋朝杨惟德等人对周天星官进行测量，得到 341 颗恒星的入宿度、去极度及其在赤道内外的度值等赤道坐标值，编成星表，即为"杨惟德星表"。

　　中国宋朝周琮等人对周天星官重新测量，测得 360 颗恒星的去极度和入宿度新值，编成星表，是为"周琮星表"。

中国郭守敬对周天恒星位置进行测量，编成星表。至今该星表还留存739颗恒星的入宿度和去极度值，其平均误差分别为15.7′和13.5′。该星表近年被发现载于明抄本《天文汇抄·三垣列舍入宿去极集》中，现存北京图书馆。现又有一说，认为该星表是明朝初期的作品。

星　图

中国古代有大量的星图，其中一些墓葬出土的星图一般只具有示意作用，绘制比较粗略，内容常常不完整，用来反映古代墓葬的习俗、等级等社会意义。但是，另外一种古代天文学家所绘制和利用的星图，很好地反映了古代天文学的发展水平。有如下五种重要的星图。

1. 汉朝及汉以前的星图

我国的星图起源于盖天说的演示仪器——盖图，据《周髀算经》记载，盖图系由两块丝绢构成，下面的一块染成黄色，其上画了七个等距的同心圆。圆心是天北极，画上全天星官和恒星，最小的圆是夏至圈，最大的是冬至圈，第四个圆是天赤道，还有一个分别和冬、夏至圈相切的圆，它就是黄道，黄道附近画有二十八宿；上面的一块是半透明的青色丝绢，其上画一个表示人目所见范围的圆圈，把它蒙在黄绢上，把黄绢绕天极逆时针方向转动，就可反映出一天内和一年内所见星空的大概情况。

迄今为止还没有发现任何汉朝的星图实物，但是研究人员从汉朝的《月令章句》中复原了一幅星图，复原的星图如图,《月令章句》中的原文如下：

"天左旋，出地上而西，入地下而东，其绕北极径七十二度常见不伏，图内赤小规是也。绕南极径七十二度常伏不见，图外赤大规是也。据天地之中而察东西，则天半见半不见，图中赤规截娄、角者是也。"

2. 陈卓星图

圆形盖天式星图是我国古代星图的一种主要形式，星图所记录的星辰数目亦逐渐增多。约 280 年，曾先后担任孙吴、西晋太史令的陈卓"总甘、石、巫咸三家所著星图"，绘制了圆形盖天式星图。图中收有 283 官，1 464 颗星。陈卓的工作成果，一直为后人所沿用。刘宋元嘉年间，钱乐之所铸小浑仪，以朱、黑、白三色来分别甘、石、巫咸三家的星象，采用的就是陈卓的工作成果。陈卓对星官划分的总结性工作，对后世影响巨大，成为中国古代星官划分与构成的经典模式。

3. 隋唐星图

由于古代不懂投影原理，在一幅以赤极为中心的圆形星图上，赤道应该是个正圆，而不与赤极等距的黄道应该是一个扁圆形，但是古人也画出一个正圆。这是不对的。直到唐朝的一行才发现了这个缺点。但是一行提议的这种方法，在后世圆形星图的绘制中并未引起注意。

圆形星图存在着投影上的缺点，就是使星图上赤道以南星官的形状变形很大。为了弥补这个缺点，在隋朝前后出现了一种用直角坐标投影的卷形星图，称作横图，《隋书·经籍志》中就列有："《天文横图》一卷高文洪撰"。横图对赤道附近星官的形状描绘得比较符合实际，但是，对赤极附近的星官的描绘又发生了困难。为了避免这个困难，后世采用分开来画的方法，即把赤道附近的星画在横图上，而把赤极附近的星画在另一张以北极为中心的圆形图上。现存于敦煌卷子中的一幅唐朝绘制的星图就是这种画法，这种星图已是近代星图的先声了。

唐朝敦煌星图约绘制于 8 世纪初。图上有 1 350 颗星。这卷图的画法是从十二月开始，按照每月太阳位置的所在，分十二段把赤道带附近的星，用圆筒投影的方法画出来，最后再把紫微垣画在以北极为中心的圆形图上。

敦煌卷子中这卷唐朝星图，是世界上现存星图中星数最多而且是最古老的一个，它在 1907 年被英国考古学家斯坦因盗走，现在保存在英国伦敦博物馆内。

4. 五代和两宋星图

我国现在保存有两块五代的星图石刻。这是我国现存最早的石刻天文图。一块发现于吴越国文穆王钱元瓘墓的后室顶部；另一块发现于钱元瓘的次妃吴汉月墓,也在墓的后室顶部。前者死于941年,后者死于952年。这两幅石刻星图的直径约为1.9米,比著名的南宋石刻天文图大了一倍。这两幅图上刻的星都不多,主要是二十八宿和若干北极附近的星,各约180颗左右。还画有内、外规及赤道。星数虽少,但是星的位置刻画得比较逼真、准确,是两件珍贵的文物。

现今贮藏在苏州的石刻天文图是最重要的星图之一,它是南宋王致远在淳祐七年（1247）所刻。王致远在与天文图同时刻石的地理图上记载说,天文图的底本得之于四川,是南宋嘉王赵扩（后来成了南宋的第四代皇帝宁宗）的教师黄裳于1190年前后画的。

南宋石刻星图总高2.67米,宽1.17米,是一幅圆形全天星图,以天球北极为中心,绘有三个同心圆,分别表示恒显圈、天球赤道和观测地点可见的星空边界线。星图上还绘有与赤道相交的偏心

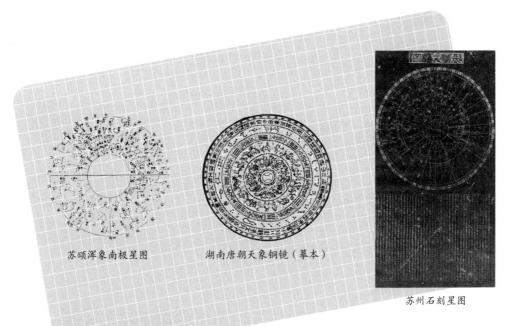

苏颂浑象南极星图　　　　湖南唐朝天象铜镜（摹本）

苏州石刻星图

圆，以表示黄道，又绘出通过北极和二十八宿距星的二十八条辐射线。在星图上计绘出恒星1 436颗，星官的划分采用中国传统的三垣二十八宿系统，还描出了银河的走向与界线。下部刻有天文知识的文字简介。该星图保存于苏州文庙，故称作苏州石刻星图，它是一幅具有重要价值的科学星图。

这幅图上二十八宿距度和下面介绍的苏颂星图一样，采取的数值也是元丰年间（1078—1085）所测的结果。

苏颂的《新仪象法要》中所附的星图是另一份重要的宋朝星图，图共两套五幅，第一套是两幅横图和一幅圆图。横图一幅为东方、北方，自角宿到壁宿；一幅为西方、南方，自奎宿到轸宿。第二套是两幅圆图，它们都以赤道为最外界的圆，一幅北天、一幅南天。这套图的主要特点是优于单张的圆图或单张的横图。

5. 其他古代文物中的星图和星象示意图

除了上述重要的一些全天星图外，中国古代文物中保留了不少单个或若干个星官的星图，以及具有星象示意性质的星图。例如：汉朝武梁祠石刻中的北斗图，唐朝绘有二十八宿星官及四象图的铜镜等。自汉朝到宋、辽之间的墓室中也常常可以发现有各种星象图的壁画等。

3 异常天象的观测

古代所谓的异常天象，是指对日月食、新星和超新星、彗星、太阳黑子、行星出没与会合、流星雨、陨星、极光等现象的观测。中国古代异常天象的观测与星占有着密切的联系，天象的观测预报以及星占都是为帝王的行军打仗、出行、举行重大仪式、进行重大决定而服务的。

中国古代对日食、新星及超新星的观测

早在三千多年前，中国古代就有了十分精细的天象观测记录。在殷墟出土的甲骨文中就有五次日食记录，《殷契佚存》第374片的记载是："癸酉贞日夕又食，惟若？癸酉贞日夕又食，匪若？"这是前13世纪武乙时期的牛胛骨上的卜辞，意思是说，癸酉这一天进行占卜，黄昏发生日食，这是吉利的征兆吗？这是不吉利的征兆吗？甲骨文中还有一些新星观测记录，在《殷墟书契后编》中有记载："七日己巳夕有新大星并火"，意思是说，七日（己巳日）黄昏有一颗新星靠近"大火"星（心宿二）。

甲骨文中出现的恒星名称，除"大火"以外，还有"鸟""鸟商"等。商民族以鸟为崇拜对象

甲骨片上的日食记录

（图腾），所以星名大多从"鸟"字。"鸟"星应该是星宿一，后人就以此星为南宫朱雀之首；"鸟商"有人认为是心星，是"大火"的又一译名。不难发现，中国古代异常天象的观测是与星占——这一社会活动的需要紧密联系在一起的。

前735年，《诗经·小雅》的"十月"篇记载："十月之交，朔月辛卯，日有食之……彼月而食，则维其常，此日而食，于何不臧。"

日食记录约50次，其中仅《春秋》一书，就记载了自前720—前481年的37次日食。经证明，其中有34次是可靠的。据《春秋》记载："鲁文公十四年（公元前613）秋七月，有星孛入于北斗"，这是关于哈雷彗星的最早记事。

从汉朝开始，天象记录日趋详尽、精细。如对日食的观测，不但有发生日期的记载，而且开始注意到了食分、方位、亏起方向及初亏和复圆时刻等。

在文献记载中，中国古代把新星和超新星的出现，一般称作"客星"。因为有些变星原来是很微弱的，多数是人目所看不见的，在某个时候它的亮度突然增大了许多倍，变得非常光亮，出现在星空中引人注目。过了一段时间之后，它又渐渐暗了下去，在星空中"消失了"，就好像是到星空中来"做客"一样，因此就给它取了"客星"这个名字。

值得注意的是，由于彗星也有类似的现象，本来看不见，以后突然出现，不久又消失了，所以，在古代所谓"客星"的记录中，还有一部分是属于彗星的记录。这是由于古人界定不清晰造成的。

据《续汉书·天文志》记载：汉灵帝"中平二年（185）十月癸亥，客星出南门中，大如半筵，五色喜怒，稍小，至后年六月消。"这是中国古代第一个超新星记录。现代天文学家已在该记录所指示的位置上证认有射电源的存在。

自汉以后，对天空中出现的"客星"进行观测和记录就成了天文学家观测的一项内容。由于历代天文学家们的勤恳而细致地观测，新星出现的记录逐渐增加。到17世纪末，在我国历史上可靠的"客星"记录约有60多项。

关于1054年的天关客星

宋仁宗至和元年五月己丑（1054 年 7 月 4 日），在天关星（金牛座 ζ 星）附近突然出现了一颗明亮的"客星"，起初它亮到甚至白天都看得见的程度，一直到宋仁宗嘉祐元年三月辛未（1056 年 4 月 6 日）该客星才隐没不见。后世的许多史书如《宋史·天文志》《宋史·仁宗本纪》《宋会要辑稿》等典籍中都记载着这一现象，我们现在看到的最早记载这一"客星"的史书是《宋会要辑稿》，其中有：

> "嘉祐元年三月，司天监言：'客星没，客去之兆也'，初，至和元年五月，晨出东方，守天关，昼见如太白，芒角四出，色赤白，凡见二十三日。"

中国古书中对这一天文现象记录翔实，甚至有关于其颜色、大小、亮度等变化的生动记述，如其间曾"昼见如太白，芒角四出，色赤白"等。这颗客星出现时间之久、亮度之大是极为罕见的。

18 世纪后，西方学者在天关星附近发现有一块外形像蟹的星云，于是取名为蟹状星云。1921 年进一步发现这个蟹状星云在不断向外

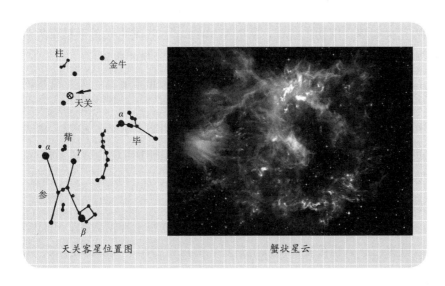

天关客星位置图　　　　　蟹状星云

膨胀，根据观测到的膨胀速度，可以反推回去算出这块蟹状星云物质大约是在九百年前从一个中心飞散出来的。这个时间与《宋会要辑稿》中记录的天关客星出现的时间很相近，而且位置也接近。于是学术界很自然地想到，蟹状星云的形成是不是同 1054 年天关客星的出现有联系？后来又经过一些学者的研究，证明 1054 年的天关客星确实是一次超新星爆发的记录。到 20 世纪 40 年代初期，天文学家证实著名的蟹状星云就是 1054 年这颗超新星爆发后留下的遗迹。以上事实已被天文学界广泛承认。

对蟹状星云及其核心的研究总要涉及它的形成历史及超新星爆发的性质。在欧洲各国的历史文献中，还没有发现任何有关这个问题的记录，而在中国的史籍上却留下了有关这次超新星爆发的详细记录。此外，日本的古籍中也有简略记录。据在日本《明月记》《一代要记》等典籍中，也有关于这颗超新星的记录，指出其"孛天关星，大如岁星"。因此，世界各国的研究者们，都以极大的兴趣转向中国古代留下的关于新星的这些记录，把它看作是中国古代天文学对现代恒星观测的一项重大贡献。

彗星的观测

中国对彗星的观测历史久远，最早的记录被认为是殷墟卜辞中的三次刻辞。据初步统计，从殷至 1911 年，我国古代关于彗星的观测记录不少于 580 次，成为研究彗星的极为珍贵的资料。

中国古代对于彗星的形态和名称的记录非常丰富。关于彗星的名称自古以来有很多，有彗、孛、长、天欃、天棓、天枪、拂（或作茀、艴）、扫（或作彗）、欃枪、归邪、昭明、五残、狱汉、蚩尤旗等。在长沙马王堆 3 号汉墓帛书 29 幅彗星图中出现的彗星名称有：赤灌、白灌、天箭、欃、彗、蒲、耗、秆、帚、厉、竹、蒿、苦、苦苂、甚、蔷、枘、干、蚩尤旗、翟等。

中国古代把彗星统称为妖星，由于彗星属于异常天象，古代多以此来占卜人事征兆。从以上彗星名称可以看出，大部分是以实物，

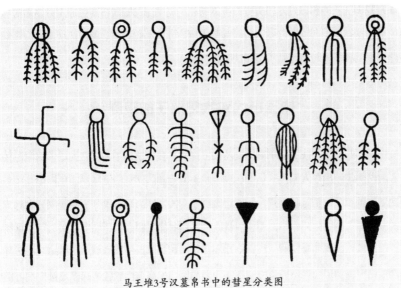

马王堆3号汉墓帛书中的彗星分类图

诸如武器、植物等命名的。于每一个名称的意思及所代表的形状，可以从汉字字面意思得到解释。令人惊奇的是，彗星竟有如此多的名称，足见汉字的源远流长和祖先对彗星观测之细致，后者无不体现出祖先求实的特点。

中国古代记录的彗星，很多涉及颜色。

前168年，长沙马王堆3号汉墓出土的帛书中记载有29幅彗星图，成为世界上关于彗星形态的最早记录。在29幅彗星图中，根据对彗尾的画法的不同，也大致可以看出中国古代对彗星的认识已经明显存在三类。

近代天文学研究表明，由于受太阳辐射热的影响，如果彗核具有自转，而被推开的物质又具有成股现象，就会观测到几股物质交叉产生的彗尾，有时还可以看到奇怪的轮廓。

29幅彗星图中，彗尾有一条的，有两三条的，更多的有四条；彗头在下，彗尾朝上的彗星体现出彗尾的宽度和长度的不同。29幅彗星图成于西汉初年，却和近代天文学研究结果有惊人的相似之处。

《晋书·天文志》的一段文字记载至少有三层含义：（1）彗星为一有形物体；（2）彗星本身不发光，只是因为太阳照射才发光；

（3）彗尾的延伸方向总是背向太阳。说明古人已注意到由于观测者位置相对太阳位置的变化，当彗星在日之南北时，会出现彗尾突然消失，或者有时长有时短的现象。

中国古代对太阳黑子的观测

中国古代利用太阳现象进行占卜。古代很早就有三足乌鸦的传说，战国时期诗人屈原（约公元前 340—前 278）在《天问》里提出："弈焉弹日？乌焉解羽？"意思是说，传说中的大神后羿是如何射太阳的？太阳里面乌鸦的羽毛又是如何掉下来的？可见早在后羿射日的神话产生的年代，古人就已经看见太阳上面的黑斑了。从汉朝起，就有了关于太阳黑子的记录。《淮南子·天文训》说，"日中有足骏鸟"，这里足骏鸟就是指太阳黑子。

《淮南子·天文训》

准确的太阳黑子记录以《汉书·五行志》中的记载为最早："河平元年三月乙未，日出黄，有黑气，大如钱，居日中央。"河平元年即公元前 28 年，这是世界公认最早的太阳黑子的记录。这条史料对黑子出现的时间、形象、大小和位置均做了明确的记述。

发展到后来，利用太阳现象进行占卜主要分为两类。一类是与太阳本身有关的，古籍中一般称之为"日变"；另一类观测日轮周

《汉书·五行志》

围的云气，这实际上是气象现象，在古籍中通常称之为"十辉"。记载日占的古籍，一般也分为两类。一类是各种正史中的天文志和五行志等；一类是专门的星占书，如《乙巳占》《开元占经》等。

流星雨、陨星及极光的观测

春秋时期就有了世界上最早的可靠的流星雨记录。《竹书纪年》中记载着："帝癸十年……夜中星陨如雨。"另外，《左传》明确记载有一条可靠的观测："鲁庄公七年夏四月辛卯夜，恒星不见，夜中星陨如雨。"据考证，这是天琴座流星雨的最早记录，自此以后，中国古籍上关于流星雨的记录，已经查明的有180条之多。

从汉朝起，中国对极光现象就有了丰富的记录。《汉书·天文志》里说："孝成建始元年九月戊子，有流星出文昌，色白，光烛地，长可四丈，大一围，动摇如龙蛇行。有顷，长可五六丈，大四围所，屈折委曲，贯紫宫西，在斗西北子、亥间。后屈如环，北方不合，留一刻所。"自此以后到10世纪，据不完全统计中国古籍上关于流星雨的记录有145次，其中有年、月、日的有108次。现代科学可以利用这些古代极光记录，研究地球磁场的变化和日地关系等。

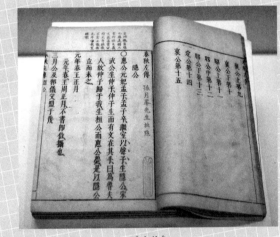

《左传》

4 天球坐标系与黄赤交角

赤道坐标系——"入宿度"和"去极度"

战国时期，齐人甘德著《天文星占》八卷，魏人石申夫著《天文》八卷，这两本原著都已失传。据后人记述的"石氏星表"（见于唐《开元占经》），其中给出121颗恒星的位置，这是世界上最早的星表，其中二十八宿是用"距度"和"去极度"来记述的，而其他恒星，则是用"入宿度"和"去极度"来记述的。二十八宿沿赤道自西向东排列中，每一宿选出一个代表星，叫作"距星"，两个距星之间的赤道距离，就叫作"距度"。它相当于现代球面天文学中的赤经差。所谓"去极度"，是指恒星与天北极之间的距离，由于天北极到赤道之间的距离是一个直角，所以，去极度也相当于直角减去这个星的赤纬，即去极度是恒星赤纬的余弧。所谓恒星的"入宿度"，是指恒星到其所在二十八宿的距星之间的距离，它也相当于一个赤经差。

由此可见，在石氏星表中，对恒星位置的记述采用了赤道坐标系统。赤道坐标系在中国得到广泛的使用，这在世界天文学史上是一

参考阅读第十四章。

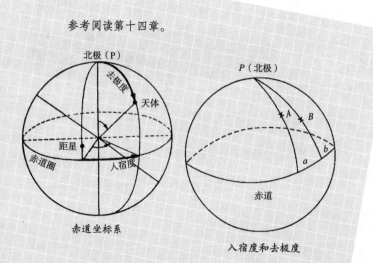

赤道坐标系

入宿度和去极度

个典型。因为自古希腊以来世界各主要发达民族都是用黄道坐标系，他们使用赤道坐标系是在 16 世纪以后了。赤道坐标系的特点是天球。

黄 道 坐 标 系

黄道是太阳在天球上的周年视运动轨道。虽然中国古代传统天文学中使用的是赤道坐标系，但是也较早地认识了黄道。最早明确提到黄道的是《石氏星经》。东汉永元四年（92）贾逵在讨论历法时引述道：

"石氏星经曰：黄道规牵牛初直斗二十度，去极一百一十五度。"

所谓"规"就是圆圈，"黄道规"就是天球上的黄道圈。所谓"牵牛初"就是冬至点。因为自古六历到汉太初历，都以为冬至点在牵牛初度。所以"牵牛初"就成了冬至点的代名词。《石氏星经》这句话的意思就是，冬至点在黄道上的位置是在离斗宿距星20°、离北极115°的位置。根据《石氏星经》冬至点位置判断，这个时间约为公元前80年左右。另外，前1世纪刘向著的《五纪论》中有段话说：

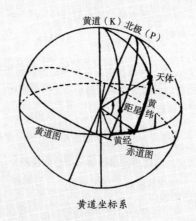

现代天文学中关于从黄道坐标系、赤道坐标系以及它们之间的变换、地平坐标系的知识。

参考第十三章中张衡《浑天仪图注》的主要内容。

黄道（K）北极（P）

天体

黄距星纬初

黄道图

黄经
赤道图

黄道坐标系

"日月循黄道，南至牵牛，北至东井。"

这时给出黄道的南点——即冬至点在牵牛，这是比在斗二十度更古老的一个位置。由此可见，公元前 80 年进行过以黄道为基本圈的天体位置测量，完全是有可能的。

但是，中国古代却从来没有出现过黄道坐标系的两个量值——黄经和黄纬。《开元占经》内石氏二十八宿中记载有各宿的黄道内外度；关于"黄道内外度"明确见于可靠文献的，是在《后汉书·律历下》的有关东汉四分历的论述及其表格中，这种测算法是东汉四分历的首创。上述提到的"黄道内外度"是从天球赤极出发度量的，因此它不是黄纬，我们不妨称为"斜黄纬"或"似黄纬"。

永元十五年（103）东汉史官以所制造的黄道铜仪测量二十八宿距星的黄道距度。经过对这二十八个数据的分析，发现它们并不是现代天文学所谓的黄经差，而是这些距星的赤经差在黄道上的投影。学术界把这种天体黄道度数称为"伪黄道度数"或"似黄道度数"。

黄赤道坐标系的变换

在东汉四分历中还有两张表分别是关于二十八宿在"右赤道度周天三百六十五度四分之一"和"右黄道（宿）度周天三百六十五度四分之一"各宿的"度数"，这是中国历史上第一张黄赤道宿度变换表。

在后汉四分历中用"进退差"表示黄赤道差，在张衡的《浑天仪图注》中也有详细的黄赤道进退差的描述。从张衡的相关记述中得知，他利用了小浑模型，并用标有刻度的竹篾作黄道圈，通过它关于赤道圈的进退差进一步计算各宿的黄道进退之数。

这时期的黄赤道进退差的值，是测量得到的，但是也有一些规律，如张衡提出的"三气一节差三度"，即黄赤道进退差的变化在进 3° 与退 3° 之间，这个规定一直到隋朝没有改变。中国传统的黄赤道差计算带有浓厚的经验色彩。到了刘焯的《皇极历》，又发明了利用二次内插法计算黄赤道进退差的方法。

由此可见，虽然古代中国没有建立球面三角学，但是利用特有的测算方法解决了球面三角中弧的测量和变换。

地平坐标系

中国古代的地平坐标系最初只有地平经度。它广泛用于以日晷测量太阳出没运行的方位角上。它的产生是很早的。在汉朝，常用十二地支表示方位，如子代表北方，午代表南方。《周髀算经》卷下有：

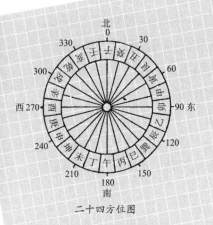

二十四方位图

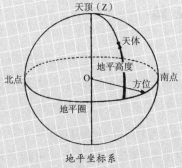

地平坐标系

知识链接

天体地平高度角的测量与唐朝僧一行的"覆矩图"有关。"覆矩图"是唐朝僧人一行发明的，它不是一个图样，而是一种天文测量工具。根据仅有的文献《旧唐书·天文志》中的记录："以覆矩斜视北极出地"，可见其用途主要是用来测量北极出地度的。关于其构造，一般认为，是把古代一种用途非常广泛的制图和测量工具"矩"尺倒过来悬挂使用。在矩角的顶端挂一铅垂线，下面装置一个带有刻度的弧形分度器。使用时，沿着矩的一条边瞄准北极星，悬挂铅垂的线就落在分度器的某一刻度上，显示出该地方的北极高度。北极高度就是北极出地的仰角，按照现代天文学，它与北极的天顶距互为余角。可见一行等人巧妙地利用了"直角矩尺"图，测量任何地方的北极高度。实际上，这种仪器可以测量天球上任何一个天体的地平高度。

《周髀算经》

"冬至夜极长，日出辰而入申；夏至昼极长，日出寅而入戌。"

地平方位除了用十二地支表示以外，古代还有用四维、八干、十二支来表示二十四个方位。四维是艮、巽、乾、坤四个方向，八干是甲、乙、丙、丁、庚、辛、壬、癸，十二支是子、丑、寅、卯、辰、巳、午、未、申、酉、戌、亥。

以上两种量度方位角的方法，都是方位区域，不具有连续量度的性质。但是后来制造的浑仪上都装有地平环，并且也有连续的刻度了。

地平坐标系的另外一个量——地平高度或地平纬度，大约是和浑天说一起产生的。浑天说认为天是一个"斜倚"的球，球的旋转轴的北头（即天北极）是露在地面上的。这个天北极出地就是一个地平高度的量。唐朝的僧一行专门发明了一件叫作"覆矩图"的仪器，用来测量各地的北极高度。实质上，这种仪器可以测量天球上任何一点的地平高度。到了元朝，郭守敬发明了立运仪，这是一件既可以测量地平经度，又可以测量地平高度的仪器。

明朝郑和航海图上标有"北辰×指""华盖×指"之类，也属于地平高度。那是用牵星板测量得到的。它们大概是用手指宽来目测估计天体的地平高度的。至今海南岛的老船工还熟知用尺量或手掌比量定背景下出地高度的方法。

黄 赤 交 角

黄赤交角是天文学中的基本数据之一。我国古代又称黄赤大距。"黄"指黄道，"赤"指赤道。黄道是地球绕太阳转的那个轨道平面向外延伸和天球相交的大圆。对地上的观测者来说，也就是太阳周年视运动的轨道。赤道是过地球中心与地球自转轴垂直的那个赤道平面延伸出去和天球相交的大圆。赤道和黄道不相重合，它们之间有一个交角，这个交角就称为黄赤交角。中国古代采用测量黄道上

古代黄赤交角的测量

通过对汉朝几次用浑仪测得的黄赤交角结果的分析认为，汉朝采用的黄赤交角值分为三个阶段。

第一阶段，东汉早期，傅安等人制造了一架黄道铜仪，黄赤交角采用24古度。92年，贾逵极力向朝廷推荐这个仪器。按照贾逵的建议，102年铸成"太史黄道浑仪"，黄赤交角也采用了这个数据。此后20年左右，张衡制造著名的"水运浑象"也采用了它。24古度即23°39′57″。

第二阶段，刘洪和杨伟所用黄赤交角值与东汉四分历相同，都采用23°37′35″。这个时期给出了"二十四节气日所在、黄道去极、晷景、昼漏刻、夜漏刻、昏中星、旦中星"的系统数值。关于黄道去极有清楚的算法如下："黄道去极、日景之生，据仪、表也。"明确指出二十四节气黄道去极度和日影长度是分别使用浑仪和圭表测定。

第三阶段，王蕃时代，他对黄赤交角又取值为24古度，这是对前辈的工作进行权衡、总结后做出的选择。

各点离赤道距离的方法，所得的量叫作黄道去赤道度数。黄道上的冬至点、夏至点离赤道的距离最远，所以古代称之为黄赤大距。

我国古代留存着丰富的黄赤交角观测数据。这些数据是直接用浑仪或其他测角仪器测量冬至或夏至时刻太阳离北极的距离而算得的。永元四年（公元前92）贾逵论历说："石氏星经曰：黄道规牵牛初直斗二十度，去极一百一十五度。"据考，《石氏星经》不是战国时期的石申所作，而是汉朝的托古之作，所以这里对于黄道去极度的测量实际上暗含了汉朝早期对于黄赤交角的测量工作。

这里牵牛初是冬至点的代名词。就是说，冬至这天黄道去极度是115古度，由于赤道去极为365° ÷4，即91°。因此，石申的黄赤交角实际为115° −91° =23°，即23.687 5°。

5 冬至时刻的测定和回归年长度的确定

冬至时刻的测定

中国古代历法通常把冬至作为一年的起算点。冬至时刻确定得准不准，关系到全年节气预报得准不准。因此，测定准确的冬至时刻，是我国古代历法工作者的重要课题。

中国古代很早就发明了用立表观测太阳影子来定方向的办法。后来人们发现，在一天中当太阳位于正南方时表的影子最短。如果每天量度太阳在正南方时的表影长度，就可以发现，一年中有一个时候影最长，这表示太阳到了最南方，所以叫作"日南至"。又因为这个时日总是发生在冬季，所以后来把这一天也叫作冬至。在《左传》中有两次日南至的记载，一次在僖公五年（公元前655），一次在昭公二十年（公元前522）。

利用土圭作每天中午表影长度变化的观测，可以直接决定冬至所在的日期。因为那一天正午的表影长度比一年中的任何一天的正午表影长度都要长。但是这种观测误差较大，通常大到一两天左右。

一般来说，冬至不是发生在哪一天，而且冬至也很少发生在正午，而是发生在这一天的某个时刻。客观地来说，太阳影子的变化是连续的，它也不可能在一天当中都停留在影子最短的位置。太阳的影子也只有在冬至这一天的某一刻才达到最短。也就是说，为

祖冲之

了满足历法推算的需要，必须要求出冬至发生在一年中某个固定日期的那一刻。

要想求得冬至发生的时刻，往往要经过较长时期的测算。历史上的南朝在圭表测影方面做出成绩的天文学家有很多。其中，何承天、祖冲之、祖暅等人的成就卓著。何承天以测影考校冬至日和夏至日，发现当时历法所定已经差三日有余。祖冲之发明了测定冬至时刻的新方法，这方法一直沿用到明清时期。

祖冲之关于推求冬至时刻的方法有重大改进，他的方法具有比较严格的数学意义，载于他著名的"驳议"中。在《宋书·律历志》中有："十月十日影一丈七寸七分半，十一月二十五日一丈八寸一分太，二十六日一丈七寸五分疆，折取其中，则中天冬至应在十一月三日。求其早晚，令后二日影相减，则一日差率也。倍之为法，前二日减，以百刻乘之为实，以法除实，得冬至加时在夜半后三十一刻。"

祖冲之的方法中使用了两条假设：（1）冬至前和冬至后影长的变化情况是对称的，也即，冬至前后离冬至时刻间隔相等的两个时刻，它们的影长是相同的；（2）影长的变化在一天之内是均匀的。这两条假设尽管和实际情况仍然有出入，但是，如果没有这两条假设，祖冲之无论如何也求不出冬至时刻的。

祖冲之选取的是冬至前后二十多天的影长观测，这时影长变化已比较显著，但又不是很剧烈。这样，他的第二条假设的误差也不大。

祖冲之在回归年数值上也有他的重要贡献。他的测定达到了很精密的程度。按照《大明历》记载的数据推出是 365.242 8 日。

中国古代对回归年长度的测定

原则上说，如果准确测定了两次冬至时刻，就可以求出它们之间的时间间隔，用这两次冬至之间的年数去除，就得到一年的时间长度。这样定出的年长叫回归年。古代又称之为岁实。春秋战国时期的"古四分历"规定回归年为 365 日，在从古四分历到东汉四分历这段将近 1000 年的时间里，年长一直采用 365.25 日，这个数据有可能是通过"立杆测影"的方法连续测量四年冬至点之间的时间间隔，再除以 4 而得到的。即如果第一年的冬至发生在正午，第二年的冬至就发生在正午之后又过四分之一日，第三年的冬至发生在正午之后又过四分之二日，也即发生在夜半（这时由于无影，所以只能估计了），第四年冬至发生在夜半之后又过四分之一日，到第五年的冬至才又回到正午时刻发生。四分历的误差为一年差 0.007 7 日，四年之后误差积累为 0.030 8 日。

可以设想，四分历测定冬至时刻的办法大概是连续测几年冬至日正午的表影长度，以后每过一年，冬至时刻就增加四分之一日。上述方法看来很理想，但是，在实践上还是有困难的。第一，由于太阳半影的影响和大气分子、尘埃对日光散射的影响，使表影的影端很难确定。第二，如果有一年冬至日遇到阴、雨、雪天，就得不到一组连续五年的观测，就难以做出正确的比较。四分历规定的回归年误差短期内虽然数值不大，但年代一久，就有显著的积累。十年差 0.077 日，一百年就差 0.77 日，这时人们就比较容易发现，常常在四分历预推的冬至时刻到来之前一天，正午表影就已经是最长了。这种历法预推时刻比实际天象发生时刻要晚的现象，古代称为历法的"后天"现象。

东汉末年，历算家刘洪（约 129—210）发现四分历冬至时刻后天的现象，并且认识到这是由于四分历的回归年长度太大的缘故。从自古迄今的观测记录中，刘洪悟得"四分于天疏阔"。他做了二十多年的观测，采用了年长 365 日。但是刘洪是怎样得到这个新的回归年值的呢？他使用的方法到底是什么？这些都还需要进一步研究。

祖冲之"考影弥年，穷察毫微"，对于推求冬至时刻方法有重大改进。从而提高了连续两次冬至之间的长度——年长。按《大明历》载的数据推测，它的年长是 365.242 8 日。

何承天（370—447）"立八尺之表，连测十余年"，他在当时测影手段并不先进的情况下，尽力把测影工作做得精细，将测定冬至时刻的误差降到了 50 刻左右。不仅如此，何承天曾经对东汉四分历历元问题的争论评价说："四分于天，出三百年而盈一日。积代不悟，徒云建历之本，必先立元，假言谶纬，遂关治乱，此之为敝，亦已甚矣。"

这里涉及了一个新的回归年值，就是"出三百年而盈一日"，这个值与古希腊测定的回归年值完全相等。

可惜关于何承天如何得到这个新值，没有史料可考，它在历史上也没有受到重视。在何承天生活的南北朝时期，印度天文学已经传入，何承天的一系列天文工作可能受其影响，因此，我们推断这一新的回归年长可能是从古希腊经由印度传入中国的，但要得出确切结论还需要更多的史料和进一步的研究。

周琮（1010—1080）和姚舜辅（1064—1125）是北宋时期在测定冬至时刻上贡献最大、影响也最深远的人。根据《宋史》记载，到南宋时杨忠辅在其《统天历》所定的数值为 365.242 5 日。这同现今国际通用的公历——欧洲的格里高利历的一年长度完全一样，但《统天历》的提出比格里高利历早了约三个多世纪以上。不但如此，杨忠辅还发现，回归年的长度不是绝对不变的，而是每年有着微小的变化。他对回归年长度的测定取得了重大的进展。郭守敬（1231—1316）在编写《授时历》时，在众多前人测定的数据中选择了杨忠辅的回归年长度值。

最精密的数值是晚明时邢云路在兰州建立 20 米高标以观测日影之后定出来的。其数值为 365.242 190 日，和用现代理论推算的精确值相比，误差仅为 -0.000 027 日，即约一年差 2.3 秒。而当时欧洲最精密的是丹麦天文家第谷于 1588 年测定的 365.242 187 5 日，这个数值在明末徐光启等人编译的《崇祯历书》中被采用。它的误差在第谷测定时为 -0.000 036 3 日。即一年差 3.1 秒。但在崇祯二年，误差减小为 -0.000 027 8 日，与邢云路所定值的误差相当。

综上，中国古代的回归年长度测算和冬至时刻的测定是紧密相关的。回归年长度最初都是实测数据，后来发展到用计算导出，但无论从哪个角度，回归年数值的发展都经历了精度不断提高的过程。这个过程与以下几方面有关：主表测量技术的改进；尽可能采用日差大的观测值和长期的观测值作为间隔，缩小平均误差；采用多组测影结果进行至日时刻的推算；取用各组影长的平均值作为确定至日时刻的依据；从实践中总结出宝贵的经验等。

6 历法的制定

阴 阳 历

我国古代的历法，属于阴阳历，既考虑到月亮的运行周期，取一个月为 29 日或 30 日，它的平均长度就是一个朔望月；又考虑到季节、寒暑的交替主要决定于太阳的位置变化，所以取年长为一个回归年。但是 12 个朔望月比一个回归年少 11 日左右。

人们从渔猎、采集、游牧、农耕等各项生产活动中逐渐认识了植物、动物在一年中生长、生活的规律，逐渐地认识了一年中气候变化的规律。以北京地区为例，大约在每年的农历五月收获小麦。可是如果只以 12 个阴历月为一年，那么大概过了三年，小麦的收获就会挪到六月份去。不但小麦收获月份变了，其他各种生物、气候现象都要后挪一个月名。这样，使人们想到，如果在这一年里增加一个月，那么以后各种生物、气候现象又可以发生在和上两年同样的月份里。这个增加的月就是闰月。这种历法以阴历月为基础，但是又兼顾太阳的周年运动，所以叫作阴阳历。

阴阳历可以使一些主要生产活动的月份大致固定下来。这种固定对于指导生产而言是个很大的方便和进步。

历 法 的 制 定

历法，就是依据天象变化的自然规律，来计量年、月、日的时间运行，判断气候变化，预示季节来临的法则。具体地说，历法的内容包括年、月、日数的分配，一年中闰月、闰日以及节气等内容的安排。还包括水、金、火、木、土五大行星的运行以及日食、月食的推算等。

在我国，一部好的历法，既要考虑朔望月的周期与长度，又要考虑回归年的周期与长度。在制定历法的时候，为了方便人们的生产与生活，除了必须考虑日、月的实际运行周期外，还要使得每个整数年中必须安排整数个月，同样，在一个月中必须安排整数个日。但是日、月的实际运行周期并不是整数，而且一回归年的长度也并不等于整数倍的朔望月长度，所以这就给制定历法带来了一定难度。此外，一部历法通常要规定自己的历元，所以历元的确定也是制定历法的必要内容。

前面我们已经描述了回归年的概念及其测量方法等，下面补充讨论一下朔望月的概念。所谓朔，是指从地球中心来看，月面中心和日面中心都在同一黄道经度上。这时的月亮是看不见的，朔相当于每月的初一。望，是指从地球中心来看，月面中心和日面中心的黄道经度正好相差半个周天，也即月、日正好隔着地球遥遥相对，这时看起来月亮是最圆的，望相当于每月的十五。连续两次朔（或望）之间的时间间隔叫作一个朔望月。古代留传下来的最早的朔望月数值是 29 日，这是古四分历的数据。

朔望月的长度测定也必须通过长期的观测统计，因为它也不是一个简单的数字，而且由于月亮和太阳的运动速度都有周期性的变化，这样，月亮圆缺一次所需的时间是有变化的。因此，在古代，首先是通过长期的观测统计来求得朔望月的平均长度。然后随着天文学的发展，才能根据月亮和太阳运动速度的变化来对由平均朔望月算出的朔、望等时刻进行校正，求出真实的朔望时刻。由平均朔望月求得的朔、望时刻，古代称之为平朔、平望。经过矫正求得的真实的朔、望时刻叫作定朔、定望。

一个朔望月比 29.5 日稍长。按朔望月来安排历谱，为了使得每月包含若干整数天，通常就会按照一个小月 29 日，接着一个大月 30 日，这样就形成了小、大月相间的形式。为了在 365 日的回归年中安排整数个朔望月，并且使得朔望月的平均长度大约等于

浑仪模型

29.5 日。那么朔望月长度的准确值到底是多少呢？从历史上看，朔望月长度这个数据的取得不是源于单纯的对月相的观测统计，而是根据十九年七闰的规律，从四分历的回归年长度推算出来的。

所谓十九年七闰，是指 19 个回归年等于 19 个阴历年加 7 个闰月。19 个阴历年是 228 个朔望月，加 7 个闰月就是 235 个朔望月。这样：

$$19 个回归年 =19 \times 365 日 =693 9 日，$$
$$235 个朔望月 =19 个回归年 =693 9 日，$$
$$1 个朔望月 =693 9 日 \div 235=29$$
$$=29=29 日。$$

把这个朔望月数值化成小数得 29.530 851 日。与现今测定的值 29.530 588 日相比，误差为多 0.000 263 日。

自春秋中期（前 6 世纪）人们掌握了十九年七闰的闰周以来，大约直到南北朝以前，一直都采用这个闰周。因此，在修改回归年数值的时候就必然要影响朔望月数值。如果根据实际观测来修订朔望月数值，那就必然要影响回归年。

阴阳历的安排与二十四节气制度的完善是一脉相承的。秦始皇统一中国后，采用《颛顼历》，把岁首定为孟冬之月，即今农历十月，是为建亥。汉承秦制。1972 年在山东临沂银雀山 2 号墓中，出土了汉武帝元光元年（公元前 134）的历谱竹简，为秦及汉初采用《颛顼历》提供了确切的证据。到了汉武帝元封七年（公元前 104），为了社会生产的实际需要，在太史令司马迁等人的建议下，汉武帝招募民间的历法专家二十余人，包括当时著名的天文学家唐都、落下闳、邓平等人,一起商定新历。落下闳制造了一架完备的浑仪,对天象进行了实际观测。在实测的基础上,他们终于制定出一部历法——《太初历》,并且以元封七年冬至朔旦甲子夜半为太初历的历元,改元封七年为太初元年。

《太初历》以正月为一年之始,对于回归年与朔望月长度的调整仍然采用十九年七闰法,但置闰的规则是以没有中气的月份作为闰月。这种置闰规则一直延续到今天。

什么是中气呢?原来,由殷朝至周初,只确定了春分、夏至、秋分、冬至四个节气。在战国后期成书的《吕氏春秋》中,有了八节气,即在二分二至的基础上加上立春、立夏、立秋、立冬四个节气,到汉初《淮南子·天文训》中,二十四节气都齐备了。这二十四个节气中按照一个节气、一个中气的方式间隔排列,每个月分别有一个节气和一个中气。人们掌握了十九年七闰的闰周,意味着在十九个回归年中要安排 235 个朔望月。这样,出现许多连续大月的情况,并且出现了七个月无中气和七个月无节气。在古代历法中,置闰没有统一的规则,通常放在年终进行置闰,但也并无定律。自汉朝《太初历》起,确定了无中气之月为闰月的置闰原则,这样合理地安排季节和月份的关系,比较科学,因此一直沿用至今。

《太初历》的"无中置闰"的规则行用以后,闰周对安插闰月本身来说,早已不再是必需的。人们保留它,主要是习惯地认为回归年和朔望月数值之间有简单的关系。可是,随着新闰周的出现和改变,人们逐渐领悟到,回归年与朔望月的长度之间并不是简单的数学关系。

在我国的阴阳历中,平年只有 354 或 355 日,闰年却有 384 或 385 日,两个数值与回归年长度都有较大的差数。我国民间所谓的阴历的说法实际上是不准确的,从理论上说,应该是阴阳合历。

7 二十四节气

二十四节气是我国古代劳动人民的一项重要创造。西方国家至今也只有二分、二至。它的产生说明历法的制定和发展是由生产所决定的。

节气概念的本质是把太阳周年视运动均匀地分成若干等份，每个节气就标志着太阳在一周年运动中的一个固定位置。这样，各种生物、气候现象都可以用节气作标准，它们的发生、活动等时间就有了相对的固定。

在后世通行的二十四节气中，有许多节气的产生应该是很早的。例如，冬至与夏至，春分与秋分等，这些在前面都已经提到了。在古六历中有以立春为历元的。可见，在古六历产生的年代，立春、立夏、立秋、立冬这四个节气也早就有了，《春秋左传》僖公五年条下记有："凡分至启闭，必书云物，为备故也。"历来注疏都认为"分至启闭"就是指二分、二至、四立这八个节气日。这样，四立这四个节气的确定，可能上溯到前7世纪的春秋时期。在《春秋左传》和《国语》中都有所谓八风的说法。按《淮南子·天文训》的解释，从冬至日以后每过四十五日就刮来一种风。可见，八风应是一年有八个节气的制度的流变遗迹。

其他十六个节气，在先秦文献中也可以见到部分名称。例如，《夏小正》里有"启蛰"；《管子·幼官图》里有"清明""大暑""小暑""白露""始寒""大寒"；《楚辞》里有"霜降""白露"；《吕氏春秋·十二月纪》里有"蛰虫始振""始雨水""小暑""溽暑""白露""霜始降"等。这些名称和现今流传的相仿，但又并不完全一致。它们所标志的时节和后世通行的也不尽相同。这种差异性正说明了全国各地劳动人民为适应农、牧业生产的需要纷纷在进行节气的创制。

现行二十四节气的全部名称首见于《淮南子·天文训》。而《淮南子·天文训》所使用的是秦汉之际的《颛顼历》。因此，可以认为现行的二十四节气是战国时期关中地区劳动人民的创造，由《颛顼历》的作者进行总结，成为历法中的一个部分。

二十四节气的制度和其他古代各种节气的划分法相比，有它的优越性：（1）每个季节都有六个节气，每个月有两个节气，比较整齐，在二十四节气制度中由于两个节气的时间长度大于一个朔望月，因而也可能出现有的月只有一个节气的现象。但这种现象正好可以被利用来作为阴阳历中需要安插闰月的一个标志；（2）它比较全面、细致地反映了一年中主要的气候现象，例如，二十四节气中夏至之后有小暑、大暑，到立秋之后又是处暑，全面反映了暑天的变化起伏；又例如二十四节气在冬至之前有小雪、大雪。冬至之后有小寒、大寒，既反映了寒冷的进退，又描述出冬天的降雪。此外，二十四节气中的谷雨、小满、芒种等都与农事有关。从秦始皇统一六国并颁布全国统一的历法——《颛顼历》以来，随着时间的推移，二十四节气逐渐为全国人民所接受，并一直行用至今。

二十四节气的计算方法，最初是把一个回归年均匀地分成二十四等份。例如，《颛顼历》的回归年是 365 日，每一个节气的时间长度是 15 日。从立春时刻开始，每过 15 日就交一个新的节气。这样定的节气叫"平气"。随着后世回归年的数值测定得更加精确，两个节气之间的时间间隔，或者是一个节气的时间长度，也就随之变得更加精确。

在北齐张子信发现了太阳周年视运动不均匀后，二十四节气的长度的划分也出现了变化。由于太阳运动的不均匀性，各个平气之间太阳所走的度数是不相等的。于是就有刘焯在他的《皇极历》中提出以太阳黄道位置来分节气。把黄道一周天从冬至开始，均匀地分成二十四份。太阳每走到一个份点就是交一个节气。这样定的节气叫"定气"，取意是每两个节气之间太阳所走的距离是一定的，或每个节气太阳所在的位置是固定的。显然，每个定气的时间长度是不相等的。例如，冬至前后太阳移动快，一气只有十四日多；夏至前后，太阳移动慢，一气可将近十六日。

和二十四节气相联系的还有"三伏""数九"等概念。"三伏"是一年中最热的时节。由于地球能储积热量，因此，北半球一年中最热的时间，并不是太阳升得最高的夏至日，而是这以后的一段时间。我国民间以夏至日后第四个庚日起为"中伏"，总共十天弧二十天；立秋后第一个庚日为"末伏"，总共十天。因此"三伏"一共三十天或四十天。在黄河流域一带，这是一年中最热的日子。

同样，"数九"是指一年中最冷的日子。从冬至日开始，每隔九天为一九，九九数完，也就是春天到了。最冷的时间，在黄河流域大致是三九和四九。民间所谓"热在三伏，冷在三九"，确实是有道理的。

南方一带还有所谓"入梅""出梅"。这是因为南方夏天梅子成熟时多雨，气候潮湿，俗称"梅雨"。为指导人民生活，也在日历上做了相应的规定。

所有这些"伏""九""梅"等，可能起源甚早，或者与二十四节气是一起产生的。它们一直流传到今天。

8 时刻制度

日的划分和记法

记日主要有两个问题。一个是如何决定一日的开始，定出什么叫"一日"；一个是用什么方法来记录日。

关于第一个问题，中国古代分别出现过以昏、旦和夜半为一日起点的划分法。正如《史记·天官书》在谈到北斗七星时说的，"用昏建者杓""夜半建者衡""平旦建者魁"，这三句话表明，古代在观测北斗星而定季节时，有三种不用的观测系统。例如在黄昏时观测杓星——"用昏建者杓"，就是古代出现的以黄昏为日期分界标志的证据。

知识链接
古代的时刻称谓

《史记·天官书》中关于金星的星占与观察文字有："出西方，昏而崮阴，阴兵强；暮食出，小弱；夜半出，中弱；鸡鸣出，大弱：是谓阴滔于阳。其在东方，乘明而出阳，阳兵之强；鸡鸣出，小弱；夜半出，中弱；昏出，大弱：是谓阳滔于阴。"这里昏、暮食、夜半、鸡鸣都是一天中时刻的名称。

《左传·昭公五年》记有"日之数十，故有十时"语，这是将一天分为十个时段的明确记载。

《淮南子·天文训》在记述时间时，有晨明、朏明、旦明、蚤食、晏食、隅中、正中、小迁、铺时、大迁、高春、下春、悬车、黄昏、定昏15个时称，这是将一天划分为十六个时段的记载。

百刻计时制把一昼夜的时间均匀分为100等份，每份称为一刻。百刻制的每刻时间是相等的。东汉许慎在《说文解字》中写道："漏以铜盛水，刻节，昼夜百刻。"东汉马融注解《尧典》："古制刻漏，昼夜百刻"。根据百刻计时制昼夜长度比及其使用的纬度范围等资料，有学者研究认为它可能起源于商朝。

在不同纬度地方（除赤道外），同一天中，昼夜长度都不相同。古人早就发现这种现象，《夏小正》有"时有养日""夜有养分"，养意为长。《尚书·尧典》中就已把一年中的昼、夜的长短分为日中、日永、宵中、日短。

我国古代自有记载以来，漏刻计时一直是采用百刻制。其中也有过短时间采用一百二十刻、九十六刻和一百〇八刻制，出现了为配合十二时辰计时的十二辰刻制，但是历时都很短暂。

然而，平旦作为日期的分期标志应该是正常的。黄昏和夜半，特别是夜半作为日期分界的标志，是在天文学发展到一定阶段之后，由于天文历法的需要才产生的。

战国时期采用夜半为日期分界标志是有这个技术条件的，因为当时的漏壶已有一定发展。大概从汉太初历以后，以夜半为分日标志成为定式。

古代的记日方法主要有两种，即干支记日法和数字记日法。20世纪末从河南安阳出土的殷墟甲骨卜辞中首先出现了干支记日法。干支记日法一直是我国古代历法中的重要内容。古代推算节气、朔望以及其他各种天文现象发生的日期，都是首先推出它的干支数，这样，它在哪年、哪月的哪一天，就一点也不会乱。因此，要研究我国古代历法，必须掌握干支记日法。

干支记日法直到今天还有一定的作用。虽然现在我们不必再在日历上注明每日的干支，但是有些日历还须要用干支来推求，例如三伏的计算。江南有些地区在计算入梅、出梅时也要用到干支。

这个方法虽然有记日不易混淆的优点，但在阅读只记干支的古代史籍时需要有专门的朔闰表来查询日子。

最早的数字记日法资料是 1972 年于山东临沂出土的元光元年历谱竹简。这份历谱在三十根竹简的顶上标了从一到三十的数字，这是每月内各个日子的序数。每根竹简下面写着各个月中日子的干支日名。这种形式很类似今天的月份牌。

尽管秦汉以前的史籍中只见到干支记日法，但仍然可能同时存在着数字记日法。数字记日法的发明和干支记日法相去不会太久。

时　刻

中国古代的时刻制度极为复杂，历史上主要有十六时制、百刻计时制和十二时辰制三种计时制度，其中十六时制是一种不等间距计时制。

在西周时期就已有一天分十二时辰的制度。但是，在东周可能还有其他的时刻制度与十二时辰制同时并行。春秋时期曾有将一昼夜分为十个时段的分法。把昼和夜各分五段，但这种时制是不均匀的。这个十时制度的夜间部分后来一直流传下来，演变成所谓"五更"制度。

《淮南子·天文训》在记述时间时，有晨明、朏明、旦明、蚤食、晏食、隅中、正中、小迁、餔时、大迁、高舂、下舂、悬车、黄昏、定昏15个时称，这是将一天划分为十六个时段的记载。十六时制在秦汉时期被普遍使用，其发端应在春秋战国时期。据研究，晨明约相当于天文曚影的开始，即天上开始出现曙光。朏明约相当于民用晨昏曚影的开始，这时天已相当亮了，可以进行各种户外工作。旦明才是太阳出地平的时刻。悬车是日落。黄昏约为民用曚影结束。定昏是天文曚影结束。所谓天文曚影，完全是天文概念，可见至少在春秋战国时代，人们就已经通过认识晨明和朏明、黄昏和定昏对天文曚影和民用曚影进行了区分。

历史上还有一种与十二时辰制平行的制度，即它把一昼夜分成均衡的一百刻——又称为百刻计时制。这个时制及其名称的由来与漏刻有关。漏刻用箭来指示时刻，箭上刻着一条条刻痕，因此就把这种时间单位叫作刻。刻和刻箭应该是同时起源的，甚至可能比刻箭更早。百刻制可能起源于商朝。

十二时辰的制度比较符合天文学上的习惯，但分划不细。百刻制度比较细，但又不便天文学上使用。这样，这两种制度就难以彼此取代，它们在很长的历史时期中平行使用着。

知识链接

十二星次

大约在战国以前，中国古人将天球沿赤道划分为十二个天区，称为十二星次。又将天穹以北极为中心划分为十二个方位，分别以子、丑、寅、卯、辰、巳、午、未、申、酉、戌、亥十二辰来表示，按照盖天说，太阳每昼夜绕北极旋转一周，分别经过了天穹上的十二个方位，则这十二个方位也便成为划分昼夜时段的尺度，即所谓的十二时辰计时制，它是一种等时的计时制度。

在约成书于前1世纪的《周髀算经》中，有"日加酉之时""日加卯之时"的记载，说的是日在酉或卯方位的时刻。汉朝班固《汉书·翼奉传》有元帝初元元年（前48）"日加申"的记载，又有"时加于卯"之说。

为了夜间更精确地采用漏刻计时，夜间时间还同时用五夜制，秦汉以后发展为五更制，它们都将一夜五等分。

关于月的安排和记法

最古的时代大概是从新月初见作为一个月的开始。这一天在古代叫作"朏"。后世通行的"朔"是较晚才出现的。从《诗·小雅·十月之交》篇的记载来看，朔的概念在西周应该是有的。自从朔的概念发明以后，我国的历法就一贯以朔作为每个月的起点。

确定了每个月的朔日，确定了每个月的天数，就能排出一年的历谱。在这个历谱里最早是以数字次序来记月份的。与记月问题直接有关的是两个问题：（1）一年中第一个月安排在什么季节；（2）闰月怎么安排。

先讲闰月问题。古代历法中采用年终置闰的原则，称之为"归余于终"。这个原则大体上到秦汉时期的《颛顼历》都一直保持着。

战国秦汉时期发明了二十四节气之后，使闰月的安排有可能定出科学的规则。这就是《太初历》提出的无中气之月为闰月的规则。所谓中气，是指从冬至开始，每逢单数的节气，计有：冬至、大寒、雨水、春分、谷雨、小满、夏至、大暑、处暑、秋分、霜降、小雪，共十二个。两个中气之间的时间为一个回归年的十二分之一，约三十日有余。《太初历》把每个中气固定在一个月份里，如，冬至在十一月，大寒在十二月，下面都依序排列。

按照中国古代十二次的制度，这十二个节气正处于相应的中点（如，冬至为星纪次中点，大寒为玄枵次中点等），故称为中气（而其他十二个节气则是在各次的开始，好像柱子之类的结节一样，故仍称节气）。

因为一个朔望月比两个中气之间的时间间距要短约一日，如果从历元开始，过三十二个月之后这个差数累计就会超过一个月。这就会出现一个没有中气的月份，而本来应该在这个月份里的中气却推移到下个月份里去了。如果不采取措施，其后的中气也都要推迟一个月。因此，把这个没有中气的月定为闰月，月序仍用上个月的月序，冠以"闰"字，称为"闰×月"。安置闰月之后，以下的中气又各自回到原来应该在的月序里。这样，可以使《太初历》的各个月份和天象、物候持相对确定的关系。

《太初历》的置闰规则在用平气的条件下是合理的，因而后世的历法都用它来置闰。

如单纯以无中气月来置闰，有时就可能一年要置两个闰月。针对这种情况，清朝《时宪历》规定，以两次冬至之间包含有十三个月的年定为闰年。闰年中的第一个无中气之月定为闰月。这个规则一直沿用至今。

那么，一年的第一个月安排在什么季节？这也就是所谓的岁首问题。

自战国以来的一些文献中流传有一种三正交替的说法。《左传》昭公十七年里记有：

"火出，于夏为三月，于商为四月，于周为五月。"

西汉前期的《尚书大传》说：

"夏以十三月为正""殷以十二月为正""周以十一月为正"。

《史记·历书》说：

"夏正以正月，殷正以十二月，周正以十一月。盖三王之正若循环，穷则反本。"

这些都反映的是同一个概念，即认为夏朝历法是以夏历的正月为正月，殷朝则以夏历的十二月为正月，周朝则以夏历的十一月为正月。三朝历法，三种正月，所以叫作"三正"。

战国时期，各诸侯国采用不同的历法。一直到汉初，计有黄帝、颛顼、夏、殷、周、鲁六种历法，即所谓"古六历"。古六历都是"四分历"——即以365日为一回归年。但是岁首不同，其中黄帝、周、鲁三历为建子——即以仲冬月（今阴历十一月）为岁首；殷历建丑——即以季冬月（今阴历十二月）为岁首；夏历和《颛顼历》建寅——即以孟春月（今阴历正月）为岁首。

秦《颛顼历》是以寅月为正月的。这种岁首符合我国人民以正月、二月、三月为春季等的季节划分法。如果以丑月为正月，那样正月就是最冷的时节，不能符合春季的要求。至于以子月为正月，那就更不符合了。可见，《颛顼历》之所以能成为全国统一的历法，也还有它多方面的科学根据。

既然一起使用，就有一个互相结合的需要。可是，一百不是十二的整数倍，它们的结合就存在着困难。于是，出现了改革百刻制的企图。

梁武帝天监六年（507）曾改为九十六刻制，大同十年（544）又改为一百〇八刻制。这些也都只用了数十年。陈文帝天嘉年间（560 — 566）又复用百刻制，一直到明末欧洲天文学知识传入后，才又提出九十六刻制的改革，清初以后才定为正式的制度。

十二辰制中把子时的正中定为夜半，即现在的 0 时或 24 时整。因此，和现代时制相比，应有如下的对应关系：

子时 =23~1 时

卯时 =5~7 时

午时 =11~13 时

酉时 =17~19 时

丑时 =1~3 时

辰时 =7~9 时

未时 =13~15 时

戌时 =19~21 时

寅时 =3~5 时

巳时 =9~11 时

申时 =15~17 时

亥时 =21~23 时

大体上在秦汉以前是以日出前三刻为旦，日没后三刻为昏。秦汉以后则改三刻为二刻半。这个昏、旦制度一直沿用至明末都没有重大变化。

9 圭表

　　圭表是最简单、最古老的测天仪器。所谓表，就是一根直立的竿子（或者是一根竹子、木头、石头之类的东西），太阳光照射在表上，就向地面投射出一条影子，用它可以测定方向、时间、节气和回归年长度等。

　　最初的表只是直立在地面上的一根竿子或石柱。古书中还有许多不同的名称，诸如竿、槷、臬、髀、椑等。作为天文仪器，它们的实际意义都是一样的。古人利用这种表可以做以下几项工作。

定　方　向

　　太阳东升西落，白天在天上所走的路径对于观测地的子午线来说，大体上是对称的。因此，观测太阳升起和落下时表影的方向，就可以确定南北（或东西）方向。这是表的最早用途。在新石器时期的西安半坡遗址中，有比较完整的房屋遗址 46 座，这些房屋的门都是朝南的。类似的考古发现还有很多。《诗经·大雅·公刘》中出现了有关的文字记载："既景迺冈，相其阴阳。"这句话的意思是歌颂周文王的第十二世祖先公刘的功绩，说的是公刘在一个山冈上立表测影，以定方向。说明在前 15 世纪末周人已能立表定向。

　　立表确定方向进一步发展，出现了一些具体的操作。在《考工记·匠人篇》中记道："匠人建国，水地以悬，置槷以悬，眡以景。为规。识日出之景与日入之景。昼参诸日中之景，夜考之极星，以正朝夕。"这里有几个技术细节是，"水地"即把地整平，用的方法是"置槷以悬"即用绳悬挂一重物;"为规"是在地面画圆,圆心立一表,然后测量日出、日没时的表影,记录它们与圆的交点,连接两点即得到正东西方向。(如"《考工记》'以正朝夕'示意图"所示)。

后来又发明了使用多表和直接观测太阳的方法。在《淮南子·天文训》中有一段文字涉及定东西方向的问题,引述如下:"正朝夕,先树一表东方,操一表却去前表十步,以参望,日始出北廉,日直入。又树一表于东方,因西方之表以参望,日方入北廉,则定东方。两表之中,与西方之表,则东西之正也"(如右侧"《淮南子·天文训》立表定向示意图"所示)。

古代文献中还提到了定东、西、南、北四向的方法,南朝梁时祖暅曾使用圭表测量南北线的方向,他使用的方法是"先验昏旦,定刻漏,分辰次,乃立仪表于准平之地,名曰南表,漏刻上水,居日之中,更立一表于南表影末,名曰中表,夜依中表,以望北极枢,而立北表,令参相直。三表皆以悬准定,乃观三表直者,其立表之地,即当子午之正"。

《考工记》"以正朝夕"示意图

《淮南子·天文训》立表定向示意图

注:A、B 和 B′的位置分别立表,在日出时使得表 A、B 和日面中心重合,在日没说使得 A、B′和日面中心重合,连接 BB′就得到正南北方向,而 BB′的中点 C 和 A 的连线就确定了东西方向。

在《毛诗·六经图考》中也给出了利用初昏观表以定南北,利用日出、日落时观表以定东西的方法。另外,这一书中还有利用五个表——中表、东表、西表、南表、北表观测日影的方法,其中,后四表与中表相距都是 500 千米。总之,圭表测影方法在我国使用的历史最长,在早期历法的制定中扮演了最重要的角色,所以其具有多种功能,而测验方法也不尽相同。

定 节 气

表影的长度是不断变化的。在一天之内太阳在正南方时的表影

土圭

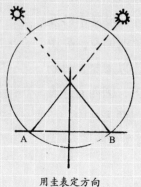

用圭表定方向

《周髀算经》中的圭表定方向

圭表在中国古代具有重要的历法功能，据统计，在《周髀算经》中利用圭表测影，实现了测量太阳远近和天之高下；测量北极远近；测二十八宿；测回归年长度；测定东西南北方向；测"璇玑四游"等功能。据考，《周髀算经》中有"分度以定，则正督经纬""于是圆定而正，则立表正南北之中央，以绳系颠，希望牵牛中央星之中，则复望须女之星先至者，如复以表绳希望须女先至，定中。即以一游仪希望牵牛中央星，出中正表西几何度，各如游仪所至之尺，为度数"。

最短。可是在一年中每天在正南方时的表影也是变化的，只有在冬至这一天影子最长，古人通过观测形象地称这一天为"日南至"；同样，古人发现夏至日的影子最短。这样的两天统称为"至日"，这分别是表影最长和最短的日子。根据这个特点可以测定节气。

测量影长有一种量度的工具，叫作"土圭"。圭是一种玉器。《考工记·玉人之事》中记载了许多不同形制和用途的圭。其中有一条记道："土圭，尺有五寸，以致日，以土地。""土"就是"度"，"土地"就是"度地"。"土圭"是一种量地用的玉质工具，长度为34.5厘米。而所谓"致日"，就是测量日中时表影的长度以求日至。

对于中原地区来说，日中时的表影总是在表的正北方向。因此，人们可以采用和表同样的材料（多数是石料或铜料），制成一条平板，一头放在表基，延伸向北。在这条平板上刻凿尺寸。这样就可以在平板上直接读出日中时表影的长度值。那块用作尺子的玉质土圭就可以不用了。虽然如此，人们仍然把这条平板称为土圭、圭或石圭。后来这种土圭和表合成一个整体，人们称之为圭表。这种作为整体的圭表始于何时，目前还没有考证。汉朝的《三辅黄图》一书中有

祖冲之圭表测影定时刻的方法

祖冲之关于推求冬至时刻的方法有重大改进。在《宋书·律历志》中有："十月十日影一丈七尺七分半，十一月二十五日一丈八寸一分太，二十六日一丈七寸五分疆，折取其中，则中天冬至应在十一月三日。求其早晚，令后二日影相减，则一日差率也。倍之为法，前二日减，以百刻乘之为实，以法除实，得冬至加时在夜半后三十一刻。"

祖冲之的方法把汉晋时期已经萌芽的方法大大推进了一步。他给"折取其中"的思想确定了一种可靠的数学表达形式。他取用冬至前后二十多天的影长进行计算，这时日影的日变化量——"一日差率"已有较大变化，达六分余，便于观测。

一条记载说：

"长安灵台有铜表，高八尺，长一丈三尺，广一尺二寸。题云：太初四年造。"

这里的"长一丈三尺"就是指的铜圭的长。这是目前所找到的整体圭表的最早记载。可以看出，表高规定为 2.67 米，这个传统来自《周髀算经》，所谓"髀"，就是人的大腿骨，也即取一个成人的身高作为表高。

历史上，针对圭表测影的关键——提高影长量度的精度，做出了不少努力。在熙宁七年（1074），沈括在其《景表议》中对传统的圭表测验进行了重要的改进。首先，改进了确定南北子午线的方法，其次，把表放在房顶开有细缝的暗室中，这样既减少了日光散射时使表影模糊不清的影响，使得光束清晰可辨，另外，在副表顶部使用"方首，刻其南，以铜为之"，使副表和主表配合使用，以提高精度。苏颂在其《新仪象法要》中提出"于午正以望筒指日，令景透

圭表

筒窍，以窍心之景，指圭面之尺寸为准"。可见，他设计了望筒来提高测影精度。

元朝的郭守敬创造了大量的天文仪器。为了提高测量精度，他在河南登封建造了"四丈高表"，问题在于随着表长增高，势必造成"景虚而淡，难得实景"的困难，若无相应的解决方法，单纯地增加表长并不能带来测影精度的提高。郭守敬发明了"景符"安装在圭表顶端，用来解决日影边界模糊不清的问题。登封观星台现代测量人员有关实验显示，用"景符"测定影长时，可准确到2秒左右。

根据"前人欲就虚景之中，考求真实，或设望筒，或置小表，或以木为规，皆取表端日光，下彻圭面"的记录，可以推断郭守敬吸收了宋以来的测影技术。这些和"景符"的发明大概都有关系。"望筒"和"小表"是苏颂和沈括的创造。而"以木为规"的技术细节如何，我们未能确知。陈美东从元朝赵友钦的《革象新书》所载"置一表约高四丈，表首置圆物，状如灯毬，不可透明，亦不可小，小则景淡，大却不妨"和郭守敬所说"皆取表端日光，下彻圭面"的记载推测，它是在表端置一木制圆物，而后测量圆物和表端生成的影子的测影方法。

定　时　刻

从一天中表影的方位变化可以粗略地测定时刻。祖冲之利用圭表测量冬至时刻的方法具有比较严格的数学意义。

定　地　域

据《周礼》记载，古代在分封诸侯、划定疆域时也使用表。这种方法的实际操作比较复杂，但是原理却来自《周髀算经》中的"日影千里差一寸"。这样就省去了直接测量广袤千里的疆域，而只要测量影长就够了。

知识链接

"地中"说的形成与推翻

《周礼·地官·大司徒》有："大司徒之职……以土圭之法，测土深，正日景，以求地中。……日至之景，尺有五寸，谓之地中。"《隋书·天文上》评价这句话是"此则浑天之正说，立仪象之大本"。可见中国古代很早就产生了地中概念。

《周髀算经》作为传统典籍，该书的一个重要立足点是认为天文历法"皆算术之所及"，主要目的是以"算术之术"为盖天说建立一个数学模型。在《周髀算经》中得出了"日影千里差一寸"的公理，至迟自《淮南子·天文训》开始，人们普遍相信这种说法，即认为在同一日正午在正南北相去 500 千米的两地立表测影，所测得的影长正好相差 3.33 厘米。盖天说及早期的浑天说中都把"日影千里差一寸"作为一条基本的假设，后世开始重视测量地中。

根据汉朝的史料记载，落下闳曾"于地中转浑天，定时节，作《太初历》""日月星辰，不问春秋冬夏，昼夜晨昏，上下去地中皆同，无远近"。说明地中是当时天文测量的理想地点。三国王蕃在讨论了地中的各种特征之后，曾明确指出："六官之职，周公所制；勾股之术，目前定数；晷景之度，事有明验；以此推之，近为详矣。"祖暅也曾经错综经注，以推地中。

地中概念和圭表测影具有密切联系。那么地中到底在哪里？马融以为是在洛阳，郑玄以为是在阳城。可见地中在古人心目中的位置颇有争议。

地中定义依赖于"日影千里差一寸"之说，但是地中的位置很难准确确定，因此人们开始怀疑"日影千里差一寸"的说法。从历史记载看，不同地方的所有的夏至日影长都为 50 厘米，说明当时有盲目效法，不求实测的风气存在。汉朝以后，这种状况有所改变。关于"日至之景"，西汉刘向测得是 52.67 厘米，隋开皇十七年袁充测得 48.33 厘米，南北朝刘宋时期何承天在交州（今河内）和越南的林邑（顺化）多次进行圭表测量，发现每 500 千米影长差 11.87 厘米。扭转了这种局面。

刘宋元嘉十九年（442），刘宋军队南征林邑、交州（今越南境内），有人于五月在两处立表测影，结果发现两处的表影不在

僧一行

正北，而在表南，所得的影长与两地到中原地区的距离之间也不符合"日影千里差一寸"的说法。根据这一结果，隋朝的刘焯明确指出，"日影千里差一寸"之说"明为意断，事不可依"。所以他建议派人到黄河两岸对影差进行重新测量，以便求得真正的"差率"。可惜他的建议未得到采纳。

唐玄宗开元九年（721），国家昌盛，国力雄厚，官方派遣天文学家南宫说和僧一行领导大规模的天文观测，在北至山西蔚州（今蔚县），南至越南林邑长达 398.5 千米的子午线上设立了九个观测站，使用圭表同时观测冬至和夏至的影长，结果证实了何承天测定的影长值，估计南北 1° 的地面距离约为 175.5千米；得出其影长之差为每 500 千米差 13.33厘米。僧一行于是明确指出："凡晷差，冬夏不同，南北亦异，先儒一以里数齐之，遂失其实。"这在天文学史上具有重要意义。

直到明末清初编撰《崇祯历书》的时候，国人才陆续建立地圆说的理论。古人心目中的地中概念也逐渐退出了历史舞台。

定回归年长度

回归年长度的测定是和冬至时刻测定紧密相关的。通过测量相邻两年的冬至时刻，确定一个回归年的长度。一般回归年长度是实测数据，当然不排除后来有人用计算导出。四分历的回归年长度是365日，并且古人已经明白要想准确定出回归年长度，可以连续几年进行日影观测，再取平均值。《后汉书·律历志》上说："日发其端，周而为岁，然其景不复。四周千四百六十一日，而景复初，是则日行之终。以周除日，得三百六十五四分度之一，为岁之日数。"可以认为，这种方法在古六历时代就已经有了。但是这对天气的要求非常苛刻，必须是连续几年的冬至前后都是晴天。

总之，利用圭表测影确定方位、季节、节气和时间是古代中国最重要的观测手段之一。所谓表是一个直立的杆，圭是平放在地面用来度量表影的尺子，圭和表固定在一起就成为圭表。中国传统的圭表测影方法在前100年成书的典籍《周髀算经》中就得到系统的论述。"立杆测影"则代表了中国传统的测天、识天的方法，在此基础上形成了一套独具特色的理论算法。

圭表的起源很早，立杆测影的方法约出现于新石器时代中期，作为天文仪器的"表"最早出现于《周髀算经》中，大约产生于春秋时期，规定长度为2.67米。铜表出现于西汉。"土圭"的"土"字也许不能释为度，应该是指在地面做记号，而"圭"也可能为"卦"之古文。用一个固定的器物（如石）为圭是在汉朝之后。使用的时候，将圭放在正南北方向，在圭面上直接读取表影的长度即可。

10 中国古代漏刻

漏刻是中国古代最重要的计时仪器之一。漏是指装满水的漏壶，刻是指一日的时间划分单位。古代漏刻主要用于时间计量，为了实现这种功能，通常在一个装满水的容器中浮一支箭。箭，是标有时间刻度的标尺，漏壶中的浮箭刻度可以显示和计量一昼夜的时刻。所以很自然地人们想到了在箭上标示一百个刻度，于是在历史上就出现了百刻计时制。因此，制作一个简单的漏刻，根据漏壶或箭壶中水量的均匀变化，及其在箭尺上的指示刻度就可以计量时间。这里，水流的均匀性、箭壶中相对固定的水位都保证了它的计时精确度。

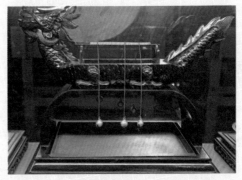

香漏

中国古代的漏刻有着不同的名称，如挈壶、漏、铜漏、漏壶、刻漏、浮漏等。一般来说，从制作材料上分，有陶漏、铜漏、玉漏、玻璃漏等；从结构形制上分，有秤漏、灯漏、碑漏、辊弹刻漏、几漏、盂漏、莲花漏等；从用途上分，有田漏、马上漏刻、行漏舆等。漏刻还应包括香漏和沙漏，另外，水晶刻漏、大明殿灯漏、浑仪更漏等也属于漏刻，但它们与机械计时器有着密切联系。

漏壶

漏刻在中国起源很早。据南朝梁《漏刻经》记载："漏刻之作，盖肇于轩辕之日，宣乎夏商之代"。《隋书·天文志》也说："昔黄帝创观漏水，制器取则，以分昼夜"。漏刻是从观察容器中漏水的流量得到启发而发明。20世纪50年代以后，中国考古工作者先后发现四件西汉漏壶，其中巨野铜漏和丞相府漏壶较为重要。通过研究，可以进一步了解西汉漏壶的构造与形制，漏箭及其刻画、用法与精度等。

根据形制及精度要求，漏刻可分为单壶泄水型沉箭漏、多级补偿型浮箭漏、秤漏、漫流型浮箭漏、漫流补偿混合型浮箭漏。

单壶泄水型沉箭漏

单壶泄水型沉箭漏的特点是在漏壶上加一有孔的盖子，竹（木）

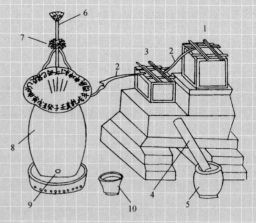

尺从盖孔中穿出,随壶内水位降低而下降,指示水位。小托子和竹(木)尺就是后来所说的箭舟和箭尺。

古代出土的陶漏和青铜漏都属于单壶泄水型沉箭漏,在早期生产力十分低下,社会生活相当简单的情况下,对日以下的时间划分,没有必要也不可能分得很细或很精确,只要把漏壶装满水,然后任其流泄,流完一壶水为一个单位时间,做一个记号,例如用刀在竹片或木片上刻一刻痕,称为"一刻"。如果需要,再灌满陶漏,重复下去。在百刻制产生以后,从原理上讲,它每漏完一壶水经过一百刻。

多级补偿型浮箭漏

先秦漏刻主要用于行军打仗。漏刻正式作为天文计时仪器,最早是在汉武帝时期,所谓"定东西,立晷仪,下漏刻,以追二十八宿相距于四方"。浮箭漏就是在这一时期发明的。浮箭漏的特点是由两只漏壶组成:一只供水壶,一只受水壶,因壶内装有箭尺,通常称为箭壶。箭壶承接由供水壶流下的水,随着壶内水位的上升,箭舟上的箭尺也随之上浮,所以称作浮箭漏。浮箭漏的出现是漏刻发展史上的一个重要里程碑,它使得漏刻计时精确度大大提高。

浮箭漏主要分为单级浮箭漏、一级补偿型浮箭漏和多级补偿型浮箭漏。

1977 年山东省巨野县红土山西汉墓出土的一件筒形器——巨野铜漏,据研究,它是浮箭漏中的供水壶。宋朝薛尚功《历代钟鼎彝器款识法帖》中有汉朝"丞相府漏壶",其壶盖上开缺口,应该是为了接收从漏壶里流过来的水而设。巨野铜漏和丞相府漏壶合在一起,在制式上恰形成一套

知识链接
沈括对漏刻的研究

沈括对漏刻素有研究。他在《梦溪笔谈》中说,"予占天候影,以至验于仪象,考数下漏,凡十余年,方粗见真数。成书四卷,谓之《熙宁晷漏》,皆非袭蹈前人之迹"。《熙宁晷漏》今已佚,《宋史·天文志》中录存有《浮漏议》。沈括浮漏的形制结构与舒易简等人所制漏刻相仿,但也有许多不同之处,如用直导管而不是用虹吸管作流管,以避免产生气泡,影响流量的稳定;复壶之间用"达"相通,其侧面有两个"枝渠"即漫流通道;流管上有装置,可以调节流量等。前人关于浮漏的结构,由于理解不同,绘出的结构示意图有较大的差异,尤其表现在复壶的结构上。

完整的浮箭漏。

单级浮箭漏只有一只供水壶，由于人工往供水壶里加水有一定的时间间隔，加水前后，水位有一定的变化，导致流往箭壶的流量不稳定，因而计时误差相对较大。经过多年的实践，人们又在供水壶的上面再加一只漏壶。这使下面一只漏壶在向箭壶供水的同时，不断得到它上面那只漏壶流进来的水的补充，从而使下面这只直接向箭壶供水的漏壶水位保持稳定。这就是二级补偿型浮箭漏。可以说，自发明二级补偿型浮箭漏起，古人已基本上解决了漏壶的水位稳定问题。

在二级补偿型浮箭漏的基础上，再加一只供水漏壶，就成了三级补偿型浮箭漏。明确记载三级补偿型浮箭漏的最早文献是晋朝孙绰的《漏刻铭》："累筒三阶，积水成渊。器满则盈，乘虚赴下。灵虬吐注，阴虫承泻"。该铭约作于 360 年，故三级补偿型浮箭漏至迟发明于 360 年，即东晋穆帝升平四年以前。

唐朝太常博士吕才制作了四级补偿型浮箭漏。吕才漏刻的流管有渴乌（虹吸管）和长导管两种。

多级补偿型浮箭漏的补偿壶最多达到六只。增加补偿壶的目的是为了保持最下一级供水壶内的水位稳定。实验证明，二级已足够稳定，一般不必再增加补偿级数，四级以上完全没有必要。

秤　漏

秤漏是一种特殊类型的漏刻，5 世纪由北魏道士李兰发明，它是用中国秤称量流入受水壶中水的重量来计量时间的。李兰《漏刻法》中的秤漏，记载于沈约《袖中记》和唐徐坚《初学记》中，"以器贮水，以铜为渴乌，状如钩曲，以引器中水，于银龙口中吐入权器。漏水一升，秤重一斤，时经一刻"。所谓渴乌，就是虹吸管，它是汉朝发明的。秤漏就是使用渴乌作流管。

历史上有过一架为官方用作天文计时的大型秤漏，是依据李兰秤漏改进的。它记载于南宋孙逢吉的《职官分纪》一书中。它的主要构造是由水柜、水拍、铜盆、渴乌、白兔等组成的稳流供水系统，是漏刻史上的重要发明。

隋唐两朝，中外交往更加频繁，秤漏可能也被介绍到国外。据荷兰史利四维（W. A. Sleeswyk）的研究，中世纪伊斯兰国家也曾使用秤漏计时，并且很可能是从中国传过去的。但具体情况不详，有待进一步研究。

漫流型浮箭漏

宋朝对漏刻的研制丰富多彩，在形式、结构、精确度等方面都有新的进展。北宋天圣年间，燕肃首次把漫流平水壶用在漏刻中，在稳定供水壶内水位方面，迈出了新的一步。宋朝另一著名科学家沈括，潜心致力于漏刻的研究，"考数下漏，凡十余年"，制成了著名的浮漏。王普在此基础上，把漫流平水法与多级补偿法结合起来，制成漫流补偿混合型浮箭漏，成为南宋、元、明、清漏刻的标准型式。此外，在漏刻上使用的报时装置，成为现代机械时钟打点计时系统的先驱。漏刻上的自动断水装置以及元朝的灯漏，更是反映了当时漏刻结构的复杂化。可以说宋元时期的漏刻是我国漏刻发展史上的高峰。

沈括

漫流补偿混合型浮箭漏

漫流平水壶可以保证壶内水位不会有较大的变化，但在上壶加水前后，漫流平水壶内的水位还是会有很小幅度的变化。虽然变化量很小，但对于要求高精度运行的漏刻计时的精确度还是有影响的。所以后来用平水重壶"均调水势，使无迟疾"。由于二级补偿型漏刻的供水壶在正确的操作下壶内水位变化量已经非常小，所以，古人又把漫流平水型与多级补偿型浮箭漏混合起来使用，这就是漫流补偿混合型浮箭漏。

约在北宋末或南宋初，王普制成莲花漏，它主要由天池壶、平水壶、平水小壶和箭壶等组成。其中平水小壶为漫流壶。

王普莲花漏的重要性有二。其一，在结构上，它把多级补偿型浮箭漏与燕肃莲花漏结合起来，即在燕肃莲花漏的上下柜之间加一补偿壶，也可说在二级补偿壶下加一漫流平水壶。这一结构形式后来就一直被承袭下来，成为南宋、元、明清历朝漏刻的标准形式。其二，它采用了一种简单而特殊的装置，使漏箭上升到最高位置时，流管就被堵住，不再出流。这种装置未有具体说明。

其 他 漏 刻

香漏计时源于民间的焚香习俗，在点燃香支时根据香支被燃烧的情况可以计时，于是发明了香漏。有些计时用香被制成篆体字的形状，故又称为香篆。

17 世纪来华的耶稣会传教士安文思（Gabrielde Magalhes）曾对当时民间广泛使用香篆计时留下了深刻的印象。元朝著名天文学家郭守敬也注意到香篆。

严敦杰在南宋学者薛季宣的文集《浪语集》中，首先发现了有关辊弹漏刻的资料。据记述，辊弹漏刻是唐朝的和尚文诰发明的。它是在一个宽、高各 0.67 米的屏风上贴着"之"字形竹管，而从竹管顶端投入铜弹丸，根据弹丸到达管底端所需时间来计时。辊弹漏刻由于有人工操作成分而影响了计时的客观性，但是在行军打仗中携带使用非常便捷。

据《金史·历下》记载，在薛季宣所生活的时代前后，北方少数民族政权金朝章宗明昌年间也可以寻觅到辊弹漏刻的踪影。从名称和使用场合上看，当时的星丸漏则是辊弹漏刻无疑。

《元史》中述及的碑漏毫无疑问也是一具辊弹漏刻，2005 年，北京钟鼓楼文物保管所和苏州市古代天文计时仪器研究所合作，并在科技史专家的参与下，对碑漏进行了复原研究，据此制作的模型现置于北京鼓楼之上。

北魏道士李兰的《漏刻法》中还记有一种称为"马上奔驰"的漏刻，"以玉壶、玉管、流珠，'马上奔驰'行漏。流珠者，水银之别名"。"马上奔驰"是一种在运动状态下使用的计时器，限于文献所缺，其结构目前尚不清楚。它应是使用渴乌（虹吸管），类似秤漏的一种便携式计时器。也有学者认为它就是一种辊弹漏刻。

小型民用漏刻

盂漏（亦称作漏盂）是宋朝流行的一种民用漏刻，出自晋朝的高僧。盂漏的制作与使用都比较简便。盂漏的显时方法有两种，分别是探筹法和浮鱼法。

盂漏最早由晋朝僧人惠远发明，最初只是底部有一小孔的容器。使用时，把它放在水面，水经小孔涌入器内，到一定时候容器沉入水中，再把它取出来倒尽水后重复使用。在制作的时候，只要容器的大小、重量、底孔的直径等选取适当，使之正好一个时辰下沉一次，数其下沉次数，即可知道时间。盂漏因此而得名，宋朝漏刻的改进多受之启发。

民用漏刻还包括碗漏、椰漏、几漏和田漏等，其中几漏是小型漏刻，为南宋孙逢吉发明，椰漏通常用于航船上，而田漏则用于农村。

11 中国古代日晷

明朝以前的日晷

日晷作为最早的计时器之一，起源于圭表。圭表本身具备一定的计时功能，起着某种程度的地平式日晷的作用。表影在一天中的方位变化实际上反映了太阳方位的周日变化，利用这一点便可制成日晷测量地方真太阳时。由此很容易使人联想到，如果在一个式盘的中央垂直立一细棍，就成为一个简单的日晷，再把式盘加以改造，按细棍（晷针）不同时刻在盘上的投影刻上刻度，在白天日照时间，放在外面便可计时。

光绪二十三年（1897）出土的山西托克托城（现内蒙古托克托县）的汉朝晷仪，和1932年在洛阳金村出土的晷仪成为最早的实物证据。目前认为它们均为秦末汉初的物体。出土晷仪晷面上的69条刻画，是指时间刻度，这应是夏至日的最长白昼69刻，对应地，春秋分为50刻，冬至为31刻。其盘面刻画了最长白昼69刻，便于使用。晷仪的用途不是唯一的，除了秦汉时期人们用以测定方向这一主要用途外，晷仪还可以用作漏壶的校准器，其盘面的69刻画，应该是从浮箭的刻度划分而来。除了修正一年中不同季节的漏刻，还可校正一日中的各时辰，在这一过程中，晷仪和漏壶配合使用，共同完成计时的任务。

《隋书·天文志·漏刻》有："开皇

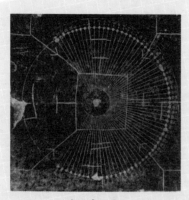

汉朝玉盘日晷

日晷　　　　　　　　郭守敬　　　　　　　　　　　　仰仪

几种介绍日晷做法的书

1.《日月星晷式》

《日月星晷式》是由陆仲玉抄录，于明朝天启壬戌年（1622）前完成的。从全书的内容判断，它可能是一部译著。关于译著者及原本，由成书的时间和地点推测，可能有四位，就是利玛窦、龙华民（1559—1654）、庞迪我（1571—1618）和熊三拔。而此书原本最可能与利玛窦在罗马学院的老师克拉维斯（C.Clavius,1537—1612）《星盘》和《日晷书》有关。但还应有其他原本。《日月星晷式》是我们所见到的比较完整的由中国人自己介绍的日晷之书，它与北京大学图书馆抄自日本、归入《崇祯历书》名下的《日晷图法》四卷（1834）的多数内容相同，后者多出一些内容如柱晷、圆中晷等。

《日月星晷式》不分卷，根据其内容，按照提要，把它分为三部分：第一部分名为"日晷图法"，包括三方面内容，首先是有关制作日晷的基础知识，后两部分主要是介绍各种日晷，其中，有平晷、天顶晷、赤道晷、方晷、偏晷、轮晷等。《日月星晷式》的第二部分内容多与第一部分重复，但表述更加简明。

可以看出，作者对于这些晷的实际应用和安装有一定的经验；所附的图式较多，但其图式有的存在误或漏的标示，或与文不符。涉及的圆分捷法、曲线作法、分圆法等内容，是关于作日晷图式用到的一些数学方法，如把一个圆分作几等段、几等角的方法，以及画曲线的初线方法。

《日月星晷式》的第三部分是关于"日晷、月晷、星晷说"，主要论述了平晷四式的晷面作图原理和几种实际制作的月晷和星晷。

2.《理法器撮要》

《理法器撮要》卷三"日晷篇"中介绍了"利器九法"，九法的条目分别如下：一曰规，作圆线及量度之用；二曰矩，验勾股之准，以钢为之；三曰尺，以作直线；四曰度板，是一块铜制象限板；五曰节气板，务为斜行节气线密法和平行节气线密法两种；六曰定偏尺；七曰定平尺；八曰平分尺；九曰分厘尺。这些内容和图式与清末徐朝俊在其《日晷图法》中所述内容和图例一致。

在"日晷篇"中还有"总法五要"，包括平分线捷法、平分圆度法、作垂线法、作引长线法和三点求心法等内容。这些内容不仅在徐朝俊的《日晷图法》中有介绍，而且在《日月星晷式》中也不同程度地有所反映。《理法器撮要》介绍了不同形制的日晷，包括面南地平晷、罗经平晷、平晷加节气线法、面南天顶晷、东西晷、葵心晷等。最大的差别是《日晷图法》前面的球面天文基础知识和最后的三角函数表，在《日月星晷式》中没有，这或许可以反映出当时的中国学者没有充分地认识到日晷制作原理与晷面刻画线的科学性等问题。

《几何原本》

3.《揣籥录》

《揣籥录》作者是张作楠（1772—？），该书编入其《翠微山房数学》。主要内容是介绍了齐彦槐（1774—1841）于嘉庆二十四年（1819）制作的面东西日晷。

面东西日晷面朝东西立在地面，又称立晷，或斜晷，由晷盘、铜垂线、表针、底座四部分组成。晷盘周边标有刻度，可移动，以适合观测地的地理纬度，且东西两面皆有刻度。

太阳周日视运动轨迹和赤道平行，故对表针来说，不同时刻投影在赤道线上的表影（正切线）位置不同。为了配合完成面东西日晷的作图法，此书还附有"北极经纬度分全表""各时刻正切线表""各节气距纬正切线表"。这里的"比例尺正切线"中的正切线，相当于明朝末期传入中国的割圆八线中的一线。所谓比例尺，是西方传入的一种算器，有记载曰："比例尺代算，凡点线面体乘除开方皆可以规度而得。然于画图制器尤为必须。诚算器之至善者焉。究其立法之原，总不越乎同式三角形之比例。盖同式三角形，其各角各边皆为相当之率。"讲得很清楚。

中国古代以十二地支计时，每时又分初、正两刻，共24刻，360°。这样，卯正日出正东，与表对射，夹角为0°，故无影，即无切线。所以卯正的时刻线，就是过表针与赤道线垂直的十字横线。辰初距卯正为15°，辰正、巳初、巳正、午初依次距卯正为30°、45°、60°、75°等，其时刻线依次距表针的长度按 $x = R \cdot \mathrm{tg}\,\alpha$ 依次求得。午正距卯正为90°，切线与割线平行，故无切线，即无影，所以正午的时刻线在无限远处，在晷面上无法作出。西面日晷同理。由于日影的连续性，得到：

面东日晷由上而下各时刻线依次为：卯正、辰初、辰正、巳初、巳正、午初。

面西日晷由下而上各时刻线依次为：未初、未正、申初、申正、酉初、酉正。

作节气线法因为很复杂，这里就不做介绍了。

《揣籥录》一书末尾有："此齐梅麓所制也，其法遵御制《数理精蕴》作横表面东西日晷法。"书中强调，齐彦槐所制面东西日晷能随纬度不同进行调节，是其创新之处。此后，张作楠仿照这件日晷又制作了一架"圆晷"。现存实物是收藏于常州博物馆的面东西日晷，由张作楠制造，晷面时刻线和节气线被刻在一块大石板上，不具备这一优点，只适合当时的某一地点，故也不具备实用价值了。

4.《日晷图法》

清朝研究日晷之风日盛，徐朝俊（1752—1823）作为徐光启的五世孙从利玛窦那里学习了西法。徐朝俊的《日晷图法》涉及造平晷、面南、面东、面西日晷和天顶晷等约十六种日晷，其中多数为前人已经研究并且掌握了的类型。另外还有罗经地平晷、葵心晷、赤道公晷、测夜时晷等，另外他还提到有偏晷数种，这种类型的日晷比较复杂，对初学者不易。他还制作了赤道公晷和八角公晷，为了避免旧时表针细而影淡的缺陷，他特制了影圈并从中出线，以圈内日影遮满以代针。徐朝俊制作的测夜时晷包括星晷（又称勾陈晷）和月晷（又称太阴晷），对于月晷的用法介绍得详细而合理，这是清朝所少有的。

5.《尺算日晷新义》

刘衡（1776—1841）在其《尺算日晷新义》中，为了说明北极高度正切线、表长等之间的关系，他作图进行解释，从他的著作可以看出，刘衡对制作日晷所用的天文学与数学原理已经非常熟练。

刘衡著书参考的书籍主要有《数理精蕴》和《御制历象考成》。据记载，他还阅读了"泰西比例规解"，他的"尺算"中的"尺"就取比例规的意思。

十四年，郿州司马袁充上晷影漏刻。充以短影平仪，均布十二辰，立表，随日影所指辰刻，以验漏水之节。"袁充发明了短影平仪，可以测得十二辰刻，但由于分布不均匀，未能准确计时。

目前认为，晷仪和短影平仪的发展均尚未完善，属于日晷的起步阶段。

赤道式日晷最为实用，也最为简便。梅文鼎的《勿庵历算书目·日晷备考》有："吾郡日晷依赤道斜安，实为唐制。"就是说的赤道式日晷。但遗憾的是，在唐朝文献中并没有找到有关记录。有记载的是南宋曾敏行的《独醒杂志》（1186）。

关于赤道式日晷，它的晷针垂直于晷面，且横穿晷心，晷盘平行于天赤道，且正反面刻度相同，向北的一面用于春分到秋分这半年，向南的一面用于秋分到春分

《数理精蕴》

利玛窦

这半年。晷影在晷面上的方位角和时角相等，故晷影所指时刻为等份刻度形式。这种日晷设计制作较简便，且在不同地方，只要调节晷面的倾斜度与当地天赤道面重合就可以使用了。如果将其制成便于携带的式样，它可以在相当大的范围内使用，故这种中国传统的赤道式日晷是最为实用、最为简便的，宋以后流传亦相当广泛。后来人们逐渐把木质缺圆改为石质整圆晷面，以抵御风雨侵蚀。

元朝天文学家郭守敬曾创制仰仪。郭守敬创制仰仪的目的是为了以仰仪之半球体模仿天球以测天，其效果和表相同，但又优于表。仰仪不仅能够测天，还能演示太阳的运动规律，它的主要功能是用来测量时间。具体来说，根据《元史·天文志·仰仪》中一段相关文字，发现了仰仪的功能是用来验节气、测时刻和辨方正位，也就

是在半球内利用天体运动规律刻画好节气线和时刻线，可以根据木孔在半球面上的投影读取当时太阳所在位置的节气与时刻；如果节气和时刻同时准确校对后，可以判断半球放置的方位；以上两个步骤可以互相校验。根据这些文献记载对其构造图复原。另外，可以通过木孔的投影来观测日食，省去了直接观测对眼睛的损伤。

这种仰仪的制作较为直观，采用了天球坐标网，可以由此直接读取时值、节气。这种仪器后来被专门用作太阳时指示器，故又称仰釜日晷，在李约瑟的《中国科学技术史》中提到有两件类似的日晷分别由朝鲜和日本保存。

明清时期的日晷

日晷在明清时期由于西学的传入和影响而得到科学化的发展，清朝朝野研究日晷之风日盛，日晷形成一个庞大家族。

关于日晷的科学定义是：在一个固定的木、石或金属制盘上刻画了准确的时刻线和节气线，利用日光照在表针上得到的针端影位分别来读取时刻和节气，从而达到计时的目的。为了实现这个功能，需要根据一定的数学和天文学原理在日晷晷面上刻画特定的时刻线和节气线。

关于地平日晷可以根据其表针方向不同，把它分为两大类。一类为表针指向天北极的地平式日晷，此类日晷的实物在清朝出现过。揭开双连板的上盖，便把一条细绳绷紧了，这就是表，其方向指向天北极。这种日晷的晷面刻画较为简单。另一类地平式日晷为表针垂直于晷面指向天顶，其晷面上有复杂的球极平面投影，由针端影位可以分别读取时值和节气。

明末清初随着耶稣会传教士来华，西方日晷开始大量传入中国。意大利传教士利玛窦（Matteo Ricci, 1552—1610）。在《利玛窦中国札记》一书中，多处提到他在肇庆、韶州等地为了传教而赠送、展示给中国人多种西方日晷，使国人大开眼界。

从明末到清初，传入的西方日晷种类很多，但是，中国学者对其做法语焉不详。虽然有明末陆仲玉抄写的《日月星晷式》流行于世，但是，对其中的具体做法深入研究的人并不多。

雍正元年（1723）刊刻的梅文鼎著《数理精蕴》卷四十《比例规解·画日晷法》是较早发行的关于日晷做法的书籍，其中包括面东西日晷、地平日晷、向南立面日晷等十余种。这部书成为后人学习和研究日晷的基础性文献，被多次引用。

地平日晷的晷盘上分别刻有时刻线和节气线，这些刻画线随地理纬度不同而有所不同，故一具地平日晷通常只适合于某一特定地点的观测。这类地平日晷在清朝也有实物。

清朝地平日晷的表针通常为一直立针状物体，但在作图时也采用了一垂直于晷面的直角三角形作为晷表，这一点可以从《数理精蕴》和《揣籥录》的有关记载中看出。

制作上述种种日晷需要用到三角函数、立体几何、比例规和分厘尺等知识。大约1773年，欧洲三角学发展成一门独立的学科，这时六种常用三角函数已不陌生。瑞士传教士邓玉函（Johann Schreck，1576—1630）撰《大测》二卷，正式把三角学介绍到中国来。《几何原本》前六卷系明末传入中国，由徐光启等翻译。比例规是伽利略（Galileo Galilei，1564—1642）在1597年左右发明的一种算器，罗雅谷（Jacques Rho，1593—1638）在《比例规解》（1630）中将其用法正式介绍到中国。日晷晷面上的节气线是中国所特有的，这部分内容完全是中国学者的独创。

12 浑仪与浑象

浑　仪

浑仪是中国古代测量天体位置和运动的重要仪器之一。浑仪又称浑天仪，主要由刻有度数的几个大圆环和观测天体的窥管组成，环和窥管都可以在经纬两个方向转动，可以用来测量天体的方位及天球坐标值。

汉武帝时期，秦《颛顼历》日见疏阔，公元前104年，汉武帝下令由公孙卿、壶遂、司马迁等人"议造汉历"，并征募民间天文学家二十余人参加，其中著名的有唐都、落下闳、邓平、司马可、侯宜君等人。他们制作仪器进行实测、推考、计算，对所提出的18种改历方案，进行一番辩论、比较和实测检验，最后选定了邓平的方案，命名为太初历。在制定太初历时，落下闳制造了浑仪，它可能由铜制成。它至少由一个赤道环和一个与赤道环同心安装的，可以绕南北极轴旋转的四游环组成，在四游环上附有窥管，并可上下转动，以照准任意一个天体，测量这个天体的去极度（也即相当于现代天文坐标值——赤纬的余弧）和入宿度（即现代天文坐标值——赤经）。落下闳以此浑仪重新测量了二十八宿的距度。东汉早期，浑仪不断地得到改进和完善。

浑天仪

假 天 仪

据宋朝王应麟著《玉海》卷四引《通略》中的记载，北宋苏颂、韩公廉制作了假天仪式水运浑象。这件假天仪的球面上开小孔（"窍"）以模拟实际的日月星辰，所以如果人站在球中（"笼象"）观察，其所看到的景象与人们仰望的星空无异。这台浑象也是用水力带动旋转的，其实质也就是一台水运浑象，它可以做到"中星昏晓应时皆见于窍中"。

实际上早在元朝，著名天文学家郭守敬就制作过一台玲珑仪。明朝宋濂等人在《元史·郭守敬传》中说"象虽形似，莫适所用，作玲珑仪"。明初叶子奇指出："玲珑仪，镂星象于其体，就腹中仰以观之。"说明它是遍体镂刻有全天星官的中空器具，观测者是居于该器具的内部来观察器具面上镂刻的星官的，即它相当于一具假天仪式的水运浑象。元朝杨桓有《玲珑仪铭》之作，其中论及玲珑仪的结构时，有如下叙述：

"制诸法象，各有攸司。萃于用者，玲珑其仪。十万余目，经纬均布。与天同体，协规应矩。遍体虚明，中外宣露。玄象森罗，莫计其数。宿离有次，去极有度。人由中窥，目即而喻。"

这指出了玲珑仪是一种集多种功能于一身的仪器。当人居于圆球中心观测时，玲珑仪具有假天仪的功能，还可根据太阳或月亮所在的位置，由圆球上的坐标网格直接读出它们的赤道坐标值；而人若在外观察，玲珑仪则与浑象相似，又具有水运浑象的功能。以上反映了郭守敬天文仪器设计思想的一大特色。

韩显符及其至道浑仪

中国古代天文学在宋元时期发展到了一个前所未有的高峰。就天文仪器而言，宋朝至少有四次大规模的制造，以浑仪为例，分别是至道年间（995—997）韩显符主持制造的至道浑仪、皇祐年间（1049—1054）舒易简主持制造的皇祐浑仪、熙宁年间（1068—1077）沈括主持制造的熙宁浑仪和元祐年间（1086—1094）苏颂主持制造的元祐浑仪。这些浑仪结构都已十分复杂和精密，并有不少创造。浑象方面，在张思训以水银代替水为动力的改革基础上，苏颂根据小官僚韩公廉等人的设计又制成了举世闻名的"水运仪象台"。

以北宋韩显符的至道浑仪为例，他在当时的司天台任司天冬官正，大约980年左右，主要研究"浑天之学"，经过长期试验、研究，终于在淳化初（990—994）完成了浑仪的设计，得到批准后于至道元年（995）制成浑仪，并写了一份仪器使用说明书《法要》十卷，其序和主要内容保存下来，被载于《宋史》《玉海》和《职官分纪》中，而全书已佚。

根据韩显符的原文，可以进一步探讨他的浑仪结构和性能，以及他的一些创造性工作。韩显符不仅使用"水臬"以定平准，而且在地平圈上设置了"地盘平准轮"，用来调节器各部分的水平。韩显符明确地把定天极高度作为一个理论和技术性很强的事情，直到元朝郭守敬在简仪上设置了定极环；韩显符通过"上规""中规"和"下规"区分了"四时常见"星和"四时常隐"星，大胆取消了白道，简化了浑仪；设计了二直矩以夹"窥管"，保证仪器运转的稳定性等。韩显符对铜浑仪所给出的各环的直径和圆周尺寸，符合"$\pi=3$"的规律，另外，对每个环、矩的宽、厚都有相应的尺寸，在子午环、游规等上均刻365刻分。我国古代一直采用圆周为365.25°制，可见这里他忽略了分数部分。术文中各种角度的计算偏于粗疏，大概是浑仪之制考虑了各环槽的宽、厚，而作者未将其误差除去，也可能是1古度的概念比较小的缘故。除了一些必要的尺寸外，"浑仪九事"对浑仪使用原理、可行性都有叙述，这在历代有关浑仪记录中是独特的。

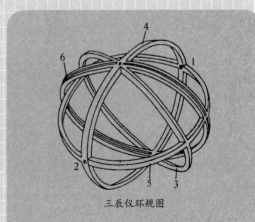

三辰仪环规图

1. 北天极枢；2. 南天极枢；3. 赤道环；
4. 通过二分点的环；5. 通过二至点的环；6. 黄道环

苏颂的水运仪象台

中国古代的浑仪和浑象多数为官方组织制造。水运仪象台是北宋时任尚书左丞的苏颂制造的一架大型天文仪器。其主要内容及部件载于他的著作《新仪象法要》中，这本书成书于宋哲宗绍圣元年（1094），分上、中、下三卷。卷上前列《进仪象状》一篇，对历史上制作的浑仪、浑象的有关情况进行了回顾，并对水运仪象台的制作始末及特点等作了概述。卷中介绍浑象，卷下涉及报时机构和机械传动与圭表等方面的有关情况。该书以图为主线，每列出一图则辅之以说明文字，文字详细。全书共有图60余幅，线条流畅、尺寸适当，多采用示意的画法，也有一些立体图，在我国古代机械史上具有重要的地位。

它的创新之处主要体现在，类似擒纵装置的机构——天衡，以及完备的报时系统，世界上最早的可活动屋顶天文观测屋和世界上最早的跟踪观测装置。

《新仪象法要》中关于天衡机构的记述，其文字详尽，超绝古人，经研究发现该机构具有类似擒纵装置的功能。最早提出水运仪象台中具有擒纵装置的是英国籍中国科学技术史家李约瑟。

苏颂、韩公廉制作水运仪象台的一个明显特点是其报时功能十分完备。水运仪象台的外露部分共分三层，位于最上层的是天文观测仪器浑仪与圭表，中层是用于演示的浑象，下层则是所谓"司辰"，即用于报告时刻的部分，司辰共有五项内容，分别置于五层木阁中。这五层木阁的整体看上去很像是一座宝塔中的五层。各层均有门，从门中可见被称为司辰的木制小人，它们各司其职，井然有序地报告时刻。

在水运仪象台最上层有一项世界上最早的创新——"脱摘板屋"，据研究，这是世界上最早的可活动天文观测屋。近代以来，为了保护天文仪器，为其遮风避雨，一般均安装在可活动屋顶的天文观测屋中。

20世纪50年代，清华大学刘仙洲率先对水运仪象台进行了研究。1956年全国科学规划委员会、中国科学院召开的自然科学史讨论会提出了对苏颂、韩公廉的水运仪象台进行复原研究的课题。1957年中国科学院和文化部文物局指定中国历史博物馆王振铎先生组织并负责这一复原工作。1958年6月完成了试验模型，并在北京中国历史博物馆展出。可惜这是一台仅供外观观赏的模型，不能运转。

苏颂和韩公廉水运仪象台

《新仪象法要》

东汉民间天文学家傅安发现太阳是沿黄道运动，而月亮是沿白道运动的，白道与黄道的交角很小，可以忽略，但是它们与赤道位置相差很多。因此，傅安首先在赤道浑仪上增加黄道环，便于测量日、月和五星行度。

苏颂

汉和帝永元四年（92）贾逵等人建议制造黄道铜仪，他说："臣前上傅安等用黄道度日、月弦望多近，史官一以赤道度之，不与日、月同。"汉和帝永元十五年（103）东汉政府铸成带有黄道环的新浑仪，称"太史黄道铜仪"。该仪器的黄道环与赤道环呈24°交角。

东汉贾逵、张衡，东晋孔挺，唐朝李淳风、一行，北宋沈括、苏颂等均对浑仪做过不同程度的改进，使它有利于实际观测。而元朝郭守敬的简仪则是对浑仪革新的产物。从汉初到明末历朝对浑仪都有明文记载。然而，从汉初上溯到先秦，关于浑仪的情况，史籍记载几乎一片空白。

那么到底先秦时期有没有浑仪产生呢？20世纪80年代，学术界根据汉朝及汉以前的古籍中关于五星行度的记载和分析认为先秦时期已经发明了浑仪，另外，学术界对于"璇玑玉衡，以齐七政"产生怀疑，这句话极有可能就是记录了一件先秦浑仪。现在一般认为，至迟在石申时代天文学已经数量化了，已经有了简单的浑仪——一种测定天体方位的测量仪器。

现存于南京紫金山天文台的浑仪，是明朝的制品。上面设有地平环、子午环、时圈环、卯酉环、赤道环、黄道环等，可以测量天体的赤经、赤纬、黄经、黄纬。

浑　象

浑象主要用来演示天象，它的主要部件是一个圆球壳，上面刻有银河和星辰，以及天赤道、黄道等大圆环。它可以绕一个穿过南北极的轴转动，表演天上星象的变化。

汉宣帝甘露二年（前52），耿寿昌制成浑象。它是一个直径约66.67厘米的空心圆球，具有南北两极，可绕极轴旋转，极轴与地平面呈一定交角。球面上绘有黄道、赤道，并画出全天星官。它是一个按照浑天说模拟天球运动的仪器，类似于现今的天球仪。

浑象

约120年张衡制成的"水运浑象"，用于演示浑天说内容。浑象上绘有互呈24°交角的黄道、赤道、北极常显圈、南极常隐圈和全天星官。浑象外设有地平环，浑象绕南北极轴旋转，半显于地平环之上，半居于地平环之下。浑象外还附设日月五星的模拟物，可随时移动以演示它们的实际所在位置。张衡利用当时机械方面的技术，在浑象内装备了一套齿轮系机械传动装置，巧妙地把计量时间用的漏壶与浑象联系起来，以漏壶流水为动力，推动浑象均匀地绕极轴旋转，并与天体的周日运动同步，可以自动演示昼夜的交替，星辰的出没等状况，又可以证明浑天说的正确性。水运浑象还带动一个"瑞轮蓂荚"的机械日历，能随一日启或闭一张叶片，从每月初一起，每日转出一叶片到地平线上，十五日则出现十五片，然后每日转入一叶片，到月底落完，这相当于一个机械自动日历。

浑仪和浑象是我国劳动人民创造的重要天文仪器，在望远镜发明以前，它一直是世界上最优良的天文观测工具，即使在望远镜发明以后，它所采用的支架结构仍然是浑仪的赤道式装置，古老浑仪的基本原理在现代天文台中仍然焕发着光辉。

13 论天三家
——盖天说、浑天说与宣夜说

中国古代在广泛的天文学实践基础上，也在朴素唯物主义和朴素辩证法思想发展的基础上，从战国和秦汉时期就开始了对宇宙结构、演化以及生成的探讨。

约前11世纪，第一次"盖天说"产生。第一次"盖天说"认为"天圆地方"，这种学说主张"天圆如张盖，地方如棋局"，即认为大地是一个平直的、每边为40.5万千米的正方形，天顶的高度是4万千米，向四周下垂，大地是静止不动的，而日月星辰则在天穹上随天旋转。

到了春秋战国时期，在此基础上出现了第二次"盖天说"。它和天圆地方说的区别在于它不认为地是平整的方形，而是一个拱形。即它主张"天似盖笠，地法覆槃""天地各中高外下""北极之下为天地之中，其地最高"等。即认为天穹犹如一个斗笠，大地像一个倒扣着的盘子。北极是天的最高点，四面下垂。天穹上有日月星辰交替出没，受太阳光照范围的影响，在大地上产生昼夜，即照到阳光的地方是白天，照不到阳光的地方是黑夜。"盖天说"还给天和地规定了数值，认为天穹和拱形的大地的曲率一致。极虽比人们的居处高3万千米，但因为天比地总是高4万千米，所以人居处的天顶比极仍高1万千米。因此，天总是比地高。

春秋战国时期产生的第二次"盖天说"在西汉仍在流行。成书于前1世纪的《周髀算经》便是这一学派的代表作，该书中有相当繁杂的数字计算和勾股定理的引用，是一部试图把第二次"盖天说"系统化和数学化的经典著作。

"浑天说"在西汉时期得到了很大发展，经落下闳、鲜于妄人、

扬雄"难盖天八事"

"盖天说"产生之后，当时不少名家对之提出了质疑。汉末，强烈主张"浑天说"的扬雄（字子云）提出了"难盖天八事"，其具体内容如下：

（1）日之东行，循黄道。夏至去极六十七度而强，冬至去极一百一十五度亦强，并之百八十度。周三径一，二十八宿周天当五百四十度，今三百六十度，何也？

（2）春秋分之日正出在卯，入在酉，而昼漏五十刻。即天盖转，夜当倍昼。今夜亦五十刻，何也？

（3）日入而星见，日出而不见，即斗下见日六月，不见日六月。北斗亦当见六月，不见六月。今夜常见，何也？

（4）以盖图视天河，起斗而东入狼弧间，曲如轮。今视天河直如绳，何也？

（5）周天二十八宿，以盖图视天，星见者当少，不见者当多。今见与不见等，何也？

（6）天至高也，地至卑也。日托天而旋，可谓至高矣。纵人目可夺，水与影不可夺也。今从高山上，以水望日，日出水下，影上行，何也？

（7）视物，近则大，远则小。今日与北斗，近我而小，远我而大，何也？

（8）以星度天，南方次地星间当数倍。今交密，何也？

以上八条抓住了"盖天说"的致命弱点，但同时，通过对比观测现象，把浑天说的优点一一进行罗列，上述观点的几个重要依据分别是："二十八宿半隐半现。其两端谓之南北极。……两极相去一百八十二度半强。天转如毂之运也，周旋无端，其形浑浑，故曰浑天。春秋分时，日出卯入西，日昼行地上，夜行地下；俱一百八十二度半强，故昼夜同。北极乃天之中，在正北出地上三十六度，并且常见不隐"。这些表达了扬雄的观点与态度。

扬雄之后，桓谭、郑玄、蔡邕、陆绩等学者也都纷纷研读《周髀算经》，认为它与实际情况多有不符，从而对"盖天说"进行了批评。至此，"浑天说"已经逐渐走向正统，并占据了主导地位。

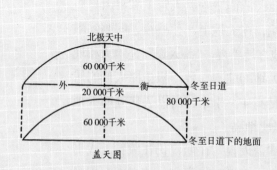

盖天图

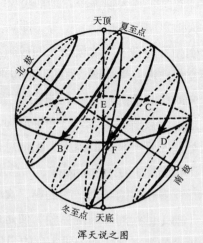

浑天说之图

耿寿昌、扬雄等人的努力，它渐为人们所接受，尤其是西汉末的扬雄提出了难盖天八事，给"盖天说"以致命的打击。东汉杰出的科学家张衡则是"浑天说"的集大成者。

张衡（78—139），字平子，河南南阳人。他的《浑天仪图注》便是"浑天说"的代表作。他指出："浑天如鸡子，天体圆如弹丸，地如鸡中黄，孤居于内，天大而地小，天表里有水，天之包地，犹壳之裹黄。天地各乘气而立，载水而浮。"他还指出天体每天绕地旋转一周，总是半见于地平之上，半隐于地平之下等。这里，看似张衡明确指出大地是个圆球，形象地说明了天与地的关系，但是学术界关于张衡到底是主张"地圆"还是"地平"是颇有争论的。他的"天表里有水"说法，也是一个重大的欠缺。张衡进一步指出日月星辰在浑圆天球上的运动规律，还根据他所在地理位置给出了一些运动圈环的定义和数量关系。张衡在他的另一名著《灵宪》中指出，浑圆的天体并不是宇宙的边界，"宇之表无极，宙之端无穷"，从而表达了宇宙无限的观念。张衡的这些论述表明了"浑天说"的基本观点。

比张衡略晚，三国时的王蕃（228—266）说："天地之体，状如鸟卵，天包于地外，犹卵之裹黄，周旋无端，其形浑浑然，故曰浑天。其术以为天半覆地上，半在地下，其南北极持其两端，其天与日月星宿斜而回转。"这些观点与张衡"浑天说"如出一辙。

"浑天说"比起"盖天说"来是一个巨大的进步。它对天体的视运动的解释比较符合实际，它所建立的天地模型结构也比较符合实际。另外，"浑天说"认为浑圆的天体并不是宇宙的边界，在"天球"之外，还是有空间的。

汉朝论天有"盖天说""浑天说"和"宣夜说"三家。它们的思想渊源都可以追溯到春秋战国时期。其中"宣夜说"由东汉前期的郗萌做了系统的总结和明确的表述。他指出"天了无质，仰而瞻之，高远无极"，该说法认为浑圆的蓝天是人的视觉局限造成的，天并不存在圆形固定的天壳，而是高远无极的无限空间，其间漂浮着日月星辰，它们均依靠气的作用，自然而然地各依固有的规律运动着。"宣夜说"否定了有形质天的概念，打破了日月星辰附着于天球运动的

张衡及其《浑天仪图注》

张衡，除他的《浑天仪图注》，他的另一名著《灵宪》是集中了张衡多数天文学成就的代表作。这两部历史名著分别在《后汉书·律历下》和《后汉书·天文志上》的两个"注"中摘出而得以保存至今，原书已佚。在《浑天仪图注》中，张衡指出：

"浑天如鸡子，天体圆如弹丸，地如鸡中黄，孤居于内，天大而地小，天表里有水，天之包地，犹壳之裹黄。天地各乘气而立，载水而浮。周天三百六十五度又四分之一度；又中分之，则一百八十二度八分度之五覆地上……绕地下。故二十八宿半隐半现。其两端谓之南北极。北极乃天之中也，在正北出地上三十六度。然则北极上规，经七十二度，常见不隐。南极天之中也，

张衡

在正南入地三十六度，南极下规七十二度，常伏不见。两极相去一百八十二度半强。天转如毂之运也，周旋无端，其形浑浑，故曰浑天也。"

"赤道横带天之腹，去南北二极各九十一度十六分度之五。横带者，东西围天之中腰也。然则北极小规去赤道五十五度半，南极小规亦去赤道出入地之数，是故各九十一度半强也。黄道斜带其腹，出赤道表里各二十四度，日之所行也。"

"日最短经黄道南，在赤道外二十四度，是其表也。日最长经黄道北，在赤道内二十四度，是其里也。故夏至去极六十七度而强，冬至去极一百一十五度亦强也。冬至日行南，至斗二十一度，去极一百一十五度少强。是故日最短，夜最长，景极长；日出辰，日入申，昼行地上一百四十六度稍强，夜行地下二百一十九度少强。夏至日在……然则春分日在奎十四度少强，西交于奎也。秋分日在角五度弱，东交于角也。此黄赤道之交中，去极俱九十一度少强，故景居二至长短之中。奎十四，角五，出卯入酉；日昼行地上，夜行地下；俱一百八十二度半强，故昼夜同也。"

张衡明确地指出天空与大地都是圆球，而且形象地说明了天与地的关系。在《灵宪》中，张衡将宇宙视为一个球体，认为有了它，才能"先准之于浑体，是谓正仪立度"，他也正是这样做的。他按照传统的中国古度给出周天、昼夜长短、赤道去极、春秋分和冬夏至去极等的量化指标，周天度为365.25°，从赤道到北（南）极是91°，是一周天的四分之一。北极是天的中央，只是一半天的中央，另一半天的中央是南极，北极在正北方高出地平36°，南极在正南地下36°，南北两天极相距182°强；给出了赤道、黄道、黄道出赤道表里（黄赤交角）、昼夜以及最长昼（景极短）、最短昼（景极长）等术语，正确地指出了常见不隐和常伏不见星、天球南北极（及其相去）、日出入方位（出辰入申）、春秋分和冬夏至的日所躔、春分秋分日出卯入酉，"俱一百八十二度半强，故昼夜同也"等天文现象。

但是有一点需要澄清的，"浑天如鸡子"的说法曾经被学术界解读为"浑天说"有了球形大地的概念，这个解读基本上是不成立的。如果有了球形大地的概念，那么，相关的一系列思想为什么没有在中国产生呢？诸如球形大地的绕转情况以及天与地的尺度等，从古代的《周髀算经》以及《浑天仪图注》等文本记载中，关于这些认识的观点从来没有突破大地是平的这一藩篱。也就是说，在中国古代浑天说中，大地仍然是平的。

说法，描述了一幅日月星辰在物质的无限空间按各自规律运动的图景。李约瑟曾经在其著作中对它给予了高度评价。

　　就宇宙理论来说，"宣夜说"达到了很高的水平。它提出了一个朴素的无限宇宙的概念，这是极其可贵的思想。它的出现反映了唯物主义哲学对宇宙理论的重大影响。但是，"宣夜说"的这些思想没有对日月星辰等天体运动的规律作更具体的论证，还只是一种思辨性的论述，所以它的影响远远不及"浑天说"。

14 岁差的发现

按照现代天文学,岁差(主要是日月岁差)就是二分点(或二至点)沿黄道缓慢西退的现象。牛顿发现万有引力定律以后,对于岁差的力学成因才给出了正确的解释,即岁差现象是由月球和太阳对于地球赤道隆起部分的摄动作用而造成的地轴进动的结果。岁差的发现在中西天文学史上都是一件大事,它对编制精确的星表和制定精密的历法都有重要的影响。

中国古代计算太阳视位置是从冬至点开始的。因此,冬至点在星空间的位置测定也是个很重要的课题。

战国时期的四分历都把冬至点定在牵牛初度。关于这个数据的测定方法,也没有留下任何的文献记载。唐朝一行的《大衍历议·日度议》里提到古代测定太阳位置的方法是测定昏、旦时刻的中星。由此可以推算夜半时刻中星的位置,则夜半时刻太阳的位置正在它的相对地方。《大衍历议》里也提到,后来采用直接测量夜半时刻中星的办法。这就要求所使用的计时工具——漏刻运行比较稳定精确。求出某日夜半时刻太阳在星空间的位置,按照太阳一天走一度的规律就不难求得冬至时刻太阳所在的位置。

冬至点在星空间的位置不是固定不变的。由于岁差的原因,它在星空中有极缓慢的移动。这种移动短时间内不易觉察出来。

大约在制定《太初历》的年代就已经发现,冬至点的位置和战国时期四分历所定不大一样。经过一元之后,日月五星"进退于牵牛之前四度五分",这实际上是含蓄地承认了冬至点已不在牵牛初度。

最先明确地肯定了冬至点位置改变的是汉朝民间天文学家贾逵,他在"贾逵论历"中举了一个例证:《石氏星经》曰:'黄道规牵牛

表 9.1　历代冬至点位置记录

年代	历史记录	现代计算	|△|	记录来源
前 522	牵牛之初	牛 1.0	0.6	《汉书·律历志》
前 240	斗	斗 23.4		《吕氏春秋》
前 104	牵牛初,建星	斗 21.3		《汉书·续汉书·律历志》
前 104	斗 22 度	斗 21.3	0.4	《宋书·律历志》
前 104?	斗 22 度无余分	斗 21.3	0.4	《尚书·考灵曜》
前 104	斗 22 度	斗 21.3	0.4	《宋书·律历志》
85	斗 22 度	斗 21.0	0	《续汉书·律历志》
237	斗 21 度少	斗 16.1	4.0	《晋书·律历志》
237	斗 17 度	斗 16.1	0.1	《晋书·律历志》
267	斗 17 度	斗 15.6	1.2	《晋书·律历志》
384	斗 17 度	斗 13.8	3.0	《三纪甲子元历》
384	斗 13 度	斗 13.8	1.0	《宋书·律历志》
434	斗 13.5 度	斗 13.1	0.2	《宋书·律历志》
462	斗 11 度	斗 12.6	1.3	《宋书·律历志》
544	斗 12 度	斗 11.4	0.4	《元史·历志》
598	斗 12 度	斗 10.5	1.3	《元史·历志》
604	斗 11 度	斗 10.5	0.3	《新唐书·历志》
604	斗 10 度	斗 10.5	0.6	《新唐书·历志》
716	斗 10 度	斗 8.7	1.2	《新唐书·历志》
724	斗 9.5 度	斗 8.5	0.9	《元史·历志》
1133	斗 4 度 36 分 66 秒	斗 2.1	2.4	《金史·历志》
1133	斗 0 度 36 分 64 秒	斗 2.1	1.5	《元史·历志》
1337	箕 10 度	箕 9.2	0.7	《元史·历志》

注:本表除现代计算值为作者重新计算外,其余诸项均取自李鉴澄的论文。其中"度"表示中国古度。1 度 =
　0°.986。\|△\|表示记录值与计算值之差。

什么是昏、旦、夜半中星？

中国古代有悠久的观测昏、旦、夜半中星的传统，所谓昏中星，就是在黄昏时候观测正南方天空中上中天的星宿，这颗星宿就称为昏中星。上中天是一个现代天文学中的说法，实际上就是恒星或星宿经过了子午圈，并且高度最大的位置。如果在冬至日这天观测昏中星，就称为冬至日昏中星。同样地，旦中星，就是在早晨的时候观测正南方天空中上中天的星宿，这颗星宿就称为旦中星。夜半中星，就是在子夜的时候观测正南方天空中上中天的星宿，这颗星宿就称为夜半中星。

昏、旦中星的观测也体现了传统天文学的特点。早期的有文字可考的文献《尧典》记载了根据鸟、火、虚、昴四仲中星时来定四时，其文道："日中星鸟，以殷仲春；日永星火，以正仲夏；宵中星虚，以殷仲秋；日短星昴，以正仲冬。"《礼记·月令》中谈到昏旦中星有"孟春之月，日在营室，昏参中，旦尾中……"。古人由此能够初步确定十二个月的昏旦中星和日躔位置。

古代白天观测日影，而到了夜晚则要观测某些固定时刻的中星。昏、旦中星位置的测定在我国起源很早，它的两个主要用途是确定季节和日躔所在。

由于岁差的影响，经过较长时间的观测就会发现，一年中固定日期、时刻所看到的中星位置发生了一些变化。所以理论上说，通过观测昏、旦、夜半中星就可以发现岁差。虞喜正是这样做的。

虞喜发现岁差的明确表述

关于岁差的一个明确可靠的史料记载是在《大衍历·历议》中，其中有："其七《日度议》曰：古历，日有常度，天周为岁终，故系星度于节气。其说似是而非，故久而益差。虞喜觉之，使天为天，岁为岁，乃立差以追其变，使五十年退一度。"

另外，在《宋史·律历志》的"日月岁差"一节中也有："虞喜云：'尧时冬至日短星昴，今二千七百余年，乃东壁中，则知每岁渐差之所至'。"由此说明，虞喜是通过对冬至日中星的观测发现了岁差现象。

虞喜在对前人大量的观测数据比较分析的基础上，打破了冬至点位置不变的传统观念，提出了岁差。他从公元前 2400 年（唐尧时代）冬至日中星的二十八宿度值，到 330 年之间的值进行对比发现，在这总共 2700 年内冬至日经历了昴、胃、娄、奎四宿，而这四宿的赤道宿度据《淮南子·天文训》依次为 11°、14°、12° 和 16°，于是得出：岁差值 ≈（11+14+12+16）° / 2700 年 ≈ 1° / 51 年。

虞喜的岁差累积值是从尧时昏中星，到他的时代昏中星的位置变迁而得出的，它反映的是冬至点赤道度数的变化，这种变化相当于现代天文学中的赤道岁差。按现代天文理论推算，在虞喜时代，赤道岁差积累值约为 77.3 年差 1°。可见虞喜测定的误差较大，分析其原因，主要是中星观测误差及"日短星昴"的记录年代估计有误。

后世历法对岁差值的测定及应用

随着太阳位置的精密测定，岁差现象越来越被重视。祖冲之首先在历法计算中引进了岁差。他实测得冬至点与汉以来的测定相比，祖冲之以为"通而计之未盈百载，所差二度"。他的结论是冬至点位置四十五年又十一个月差 1°。虽然这个数据不很准确，但是在他编撰的《大明历》中引进了岁差，这却是个很大的革新。此后，隋朝的刘焯测定得岁差值是七十五年差 1°。宋朝《统天历》和元朝《授时历》都定为六十六年又八个月差 1°。这些数据都比当时的欧洲一直还在沿用的一百年差 1° 的数据要精密。

古希腊的岁差

在西方，岁差现象是在公元前160年左右由古希腊天文学家希帕克斯（Hipparchus，约前180—前127）首先发现的，在《至大论》中由托勒密进一步系统论述并完善。

早在公元前400年，巴比伦的天文学家也已经注意到了先后三个星表中列出的春分点位置不一样，分别离白羊座是10°、8°15′和8°，但是他们只是以为早期测定的数值需要作某些改正，却没有意识到春分点的西移。前2世纪，希帕克斯在编制欧洲第一个星表时，把自己测定的一些恒星黄经和150多年前阿里斯泰鲁斯（Aristyllus）和提莫恰里斯（Timocharis）的测定结果进行了比较，发现室女座α星（Spica，中名角宿一）前行到秋分点西6°，而不是前人测定的8°左右，即黄经增大了2°左右，他由此估算出黄道岁差值至少是1°/100年。正如希帕克斯在他的《关于年长》一书中说的，岁差值"至少是36″/年"。托勒密认为这里"至少"的含义应该是希帕克斯没有太认真考虑这个值，并且他认为实际值可能更大。托勒密把岁差解释为所有恒星沿黄道东进，而否认春分点的西退，这个岁差值在西方长期沿用，直到10世纪才改正为1°/70年。这种关于岁差的解释在明末由传教士传入中国。

古希腊的岁差解释为恒星沿黄道东进，与现代岁差概念有距离，与古代中国的岁差又有所不同。实际上，无论古代中国还是古希腊对于岁差都没有形成正确的认识。这一点不能苛责于古人，岁差的力学成因和机制需要等到牛顿力学建立起来以后才能得到圆满的解释。

初直斗二十度，去极一百一十五度。于赤道，斗二十一度也'。"

可是，作为一个封建官僚机构，东汉的太史官中常常充满着腐朽保守势力。东汉政府迫于无奈，只好求助于民间天文学家。于是，有编䜣、李梵等人出来对官历进行改革。这场改革进行了五年，通过观测和不断的讨论，公布了他们的新历——后汉四分历。这部历法所定的冬至点位置是斗二十一度四分之一。从此，冬至日在牵牛初度的说法就没人再提了。

由于冬至点在星空间位置的移动，因而冬至日的昏中星也是在变动的。《尚书·尧典》中有"日短星昴"的记载，但是，在约330年前后，东晋天文学家虞喜看到，在他那个时代的冬至日昏中星已是在壁宿了。因此，他领悟到经过一个回归年之后，太阳没有在天上走一周天，而是应该"每岁渐差"。于是，他提出了"天自为天，岁自为岁"的概念，如果把"岁"理解为一回归年太阳所走的度数，则可以求出天、岁之差，这个差就称为岁差。

15 刘焯与《皇极历》

刘焯是隋朝最杰出的天文学家。据《隋书·刘焯传》介绍，他对于"《九章算术》《周髀算经》《七曜历书》等十余部，推步日月之经，度量山海之术，莫不窍其根本，穷其秘奥"。他著有论述"历家同异"的《稽极》十卷，写了《历书》十卷，均行于世。他于开皇三年（583）至开皇二十年（600）期间撰成《皇极历》，是当时最好的历法。其后在与张宾、刘晖、张胄玄的斗争中不断发展自己的方法。

张胄玄曾一度主持司天监，他博得隋文帝杨坚和其后的隋炀帝杨广的信任，张胄玄进入司天监后与刘孝孙共事，据刘焯透露，张胄玄后来的新历法乃是刘孝孙所作。

知识链接

张子信及其天文学发现

约6世纪，北齐的平民天文学家张子信在一个海岛连续进行天文观测长达30年之久，做出了几个重要的天文学发现：太阳、五星视运动的不均匀性，以及视差的影响。

众所周知，太阳周年视运动实际是不等速的。但是由于地球公转的椭圆轨道偏心率很小，所以中国古代对太阳视运动不均匀的发现晚于月亮的。北齐的张子信首次提出"日行在春分后则迟，秋分后则速"，这是对太阳视运动不均匀的描述，这个描述比较粗略，并且关于他的工作，再没有一点具体资料流传下来。然而，这个发现对后世是有很大影响的。隋朝的一些著名天文学家刘孝孙、刘焯、张胄玄等都从他那儿吸收过营养。

后人在进一步认识这一现象时走过了漫长的道路。隋朝刘焯误认为日行在春分前一日最速，春分后一日最迟；秋分前一日最迟，秋分后一日最速，可见，他并没有真正掌握太阳视运动的规律。唐朝一行等人在制定《大衍历》时指出了刘焯对于太阳运动规律的错误认识。他指出："焯术于春分前一日最急，后一日最舒；秋分前一日最舒，后一日最急。舒急同于二至，而中间一日平行，其说非是。"而《大衍历》提出的规律是"日南至，其行最急。急而渐损，至春分及中而后迟。迨日北至，其行最舒。而渐益之。以至秋分又及中而后益急"。一行的认识比刘焯更接近实际情况，所以也更科学。

从上述原文不难发现，一行认为冬至日太阳的速度最快，以后渐慢，到夏至最慢；夏至后又逐渐快起来，直到冬至最快。同时，他们还从大量观测资料中总结出不同时节由于太阳运动快慢不均而产生的差值——在《大衍历》中被称为"曜衰"，它在冬至时最盈，即比平均运动快的量的积累值最大，从冬至以后，这个积累值逐渐减小，到春分时为零；春分后开始缩，到夏至为最缩，即比平均运动慢的量的积累值最大，从夏至以后这个积累值又逐渐减小，到秋分时又为零；秋分后开始盈，到冬至时又为最盈了。一行对于太阳运行规律的这个认识已经明显地前进了一步，除了对冬至点与近日点之间的区别还没有完全认识清楚以外，上述对于太阳视运动规律的描述与现代天文学的描述基本一致了。

视差的发现也归功于北齐的张子信，他经过长期观测发现，当合朔发生在黄、白道交点附近时，如果月亮从黄道北穿过交点到黄道南，则发生日食；而如果月亮从黄道南向黄道北移动，虽然进入了交食范围，也不可能发生日食。

平气与定气

所谓"平气"，就是二十四节气间的时间间隔是相等的，每过一定时间就是下一个节气了；所谓"定气"法，就是根据太阳的实际运行来确定节气。实际上，由于太阳视运动不均匀，所以太阳每移动一个"定气"的时间就不等，冬至前后日行快，一气只有十四天多，夏至前后日行慢，一气有十五天或十六天。

"定气"法的提出基于太阳视运动不均匀现象的发现，这是由北齐的天文学家张子信发现并首先提出的。之后，刘焯在其《皇极历》中采用"定气"法。

刘焯认为，由于太阳运动的不均匀性，各个平气之间太阳所走的度数是不相等的。于是就有刘焯在他的《皇极历》中提出以太阳黄道位置来分节气。把黄道一周天从冬至开始，均匀地分成二十四分。太阳每走到一个分点就是交一个节气。这样定的节气叫"定气"，取意是每两个节气之间太阳所走的距离是一定的，或每个节气太阳所在的位置是固定的。显然，每个定气的时间长度是不相等的。例如，冬至前后太阳移动快，一气只有十四日多；夏至前后，太阳移动慢，一气可将近十六日。《皇极历》主张以太阳实际行度来安排二十四节气，是编制历法中的一个明显的进步。

刘焯的定气算法在天文学上还是很有意义的。特别是对于日月食的推算，必须考虑太阳运动的不均匀性，才能准确计算太阳的真实位置。刘焯为此发明了等间距二次差内插法，在数学史上做出了贡献。自刘焯之后，对太阳运动不均匀性的了解日益正确。计算方法也日益进步。

一行的《大衍历》所给的太阳运动计算表是以定气为根据的。由于各个定气之间的时间间隔不等，要计算任意时刻的太阳位置，就不能使用刘焯的等间距内插公式。为此，一行发明了不等间距的二次差内插公式，把内插法又向前推进了一步。

以后，到了元朝的《授时历》，采用招差法来求太阳运动。在实际计算中《授时历》考虑到三次差内插法。这是中国古代历法计算中的又一个重要成就。

平朔与定朔

从魏晋南北朝到隋唐，历法改革围绕"平朔"改"定朔"的问题进行了很长时间的讨论。所谓"平朔"，就是在制定历法时以平均朔望月长度为依据，采用月亮视运动是匀速的方法进行计算，这与实际情况有相当大的差距；所谓"定朔"，就是考虑月亮视运动的不均匀性，在计算中能够较好地拟合实际天象，极大地提高了计算精度。

由于月亮椭圆轨道的偏心率较大，所以月的视不均匀性运动非常显著，东汉的贾逵就已经发现月行有迟疾快慢，平均每天行13°多，而最快与最慢之间的差可达1°以上。东汉的刘洪在观测月食的时候进一步发现了这个问题，他提出了"合朔月食，不在朔望"，因此在推算日月食时，要考虑月亮的视运动不均匀问题，改正按照平朔法定出的数据，这就是采用"定朔"的原理。

第一个提出在制定历法时要废除"平朔"，改用"定朔"的是南朝的何承天（370—447）。他于443年撰《元嘉历》，首创定朔方法，即用"定朔"法来安排历日，每月朔都安排在初一，这样大小月不一定总是相同，有可能出现连续几个月都是大月，但是预报日月食却要精确得多。何承天的首创是在他和祖辈辛勤观测基础上提出的，可是，不久就遭到守旧思想的反对，结果未能被采用。以后，这个争论持续二百多年直到《麟德历》才确定下来。

李淳风与《麟德历》

李淳风的《麟德历》以刘焯的《皇极历》为基础加以改进。《麟德历》对许多天文数据采用同一个分母，这比过去各家历法都是一种数据一个分母的办法当然要简便得多。对过去定历时分"有章、蔀，有元、纪，有日分、度分，参差不齐"的情况加以统一，简化了计算过程。《麟德历》再次废除平朔，重新采用定朔方法。而为了避免唐朝另外一部历法《戊寅历》中连续出现四个大月或三个小月的情况，规定了临时变通调整的办法，即把第四个大月改成小月，或第三个小月改成大月。《麟德历》还废除了闰周，直接以无中气的月份置闰月。从此，彻底摆脱了闰周的累赘。《麟德历》对五星的推算也进行了改进。

《麟德历》以后，定朔法一直被沿用下来，终于取得了最后胜利。

上 元 积 年

进行历法推算，必须有个起算点。这个起算点叫作历元。对于现代天文学而言，对不同的天文数据可以根据具体情况设立各种不同的历元。

古代设立历元最初是为了推历的自然需要。什么是"历元"呢？古人把冬至作为一年的开始，朔为一月的开始，夜半为一天的开始，甲子日即为干支计日周期的起始。如果有这么一个理想的日子，是甲子日，它的夜半时刻又正好是冬至和合朔，把这一天的夜半时刻作为历法计算的起始点，古人认为可以方便历法的计算。这个理想的时刻就叫作"历元"。但是这几个数值除干支周期外，都不是正整数，而且各种历法所测得的数据也不一样，因此要求出这几个数的最小公倍数，需要作十分繁琐的计算，才能推出历元来。这个推算的过程就叫作"上元积年"。

例如，太初历的历元定在元封七年（公元前104）十一月初一甲子日的夜半，因为根据当时的观测，认为这个时刻正好是合朔和冬至。把这个时刻定作历元，计算以后的朔望、节气就可以用朔望月、回归年的周期来推。早期历法中定历元的原则大体就是：根据观测或推算，找到有那么一天，合朔和某个节气都在这一天的某个时刻发生，这一天的某个时刻就定为历法的历元。

《太初历》之前所用的古六历，它们的历元资料流传下来的很少。只有《颛顼历》因自秦王汉初一直都在行用，关于它的资料还比较多些。

这主要见于《淮南子·天文训》。那里记载说：

> "天一元始，正月建寅，日月俱入营室五度。天一以始建七十六岁，日月复以正月入营室五度，无余分，名曰一纪。凡二十纪，一千五百二十岁大终。日月星辰复始甲寅元。"

这段话说明：（1）《颛顼历》的历元取在甲寅年寅月甲寅日合朔立春；（2）在历元时刻日、月位置都在营室五度。五大行星也在这个位置上；（3）按《颛顼历》的数据，过七十六年之后，日、月又在营室五度处相会，这叫一纪。二十纪叫一大终。日、月又是在正月甲寅日相会于营室五度；（4）按《淮南子·天文训》的说法，似乎在一大终之后五大行星也重新会聚于甲寅元。

可惜的是，中国历史上对上元积年问题进行过分渲染。汉朝刘歆在制定《三统历》时，以"积年"的名目，进一步提出了"太极上元"，也即朔旦、夜半、冬至同时发生在甲子日，而且日、月、五星同在一个方位，提出什么日、月、五星同在一方，即"日月合璧，五星连珠"的难逢的祥瑞。其实"积年"的计算没有任何科学的意义，但是刘歆为了证明自然界永远是"周而复始"的循环论，以便为王莽的托古改制作论证，硬是把它塞进历法之中。刘歆开创的推算"积年"的先例，对后来的历法产生了恶劣的影响，致使许多历法拘泥于推算"积年"，而未能更多地注意有实际意义的问题。

刘焯对张胄玄的揭露和对张胄玄历法的批判，几次都受到压制而毫无结果。刘焯本人于大业四年（608）抱恨终天。但是他的《皇极历》受到当世学者的众口称颂，得以流传后世，主要由于他采用了岁差，引入了定朔计算，并创立了二次等间距内插法，用以推定五星位置和日月食起讫——即初亏和复圆时刻及食分等；还采用定气计算法，计算日行度数和交食时刻。刘焯在天文、历法、数学上都有重大的贡献，但因受到当时太史令张胄玄等人的反对，《皇极历》未被采用。

开皇十七年（597）按张胄玄的方法编成新历。

据《隋书·律历志》记载，张胄玄开皇十七年制定的《大业历》的历元冬至点和其他数据有错误，但是，直到刘焯死后，张胄玄才得以改动他的历法。《大业历》由于晚成，又采用了当时先进的天文学发现，如北齐张子信的发现，因此，《大业历》的五星周期比较精密，是这部历法的长处。

《大业历》行用到隋亡，但是入唐以后第二年（619）起行用《戊寅元历》。这部历法仍然基本采用张胄玄的方法，不过它的作者东都道士傅仁均却主张用定朔法排历谱，不仅如此，他还主张不用上元积年，也颇有点革新气概。但是这些主张最后均遭失败。武德九年（626），大理卿崔善为奉诏校正《戊寅元历》，恢复了上元积年。唐太宗贞观十八年（644）预推次年九月起有四个大月相连，许多历法家议论纷纷，不得已，又改用平朔计算。

唐高宗时《戊寅元历》疏误日多，麟德二年（665）颁行李淳风作的《麟德历》。《麟德历》以《皇极历》为基础，《皇极历》的创造发明在被压制了四十多年之后终于得到了承认和发展。《麟德历》也采用定朔排历谱。从何承天提议以来，经过二百多年的争论和斗争，用定朔排历谱的主张基本得到了胜利。

16 一行及其《大衍历》

一行是我国历史上有杰出成就的科学家，著名天文学家，唐朝佛教密宗的高僧，魏州昌乐（今河南省南乐县）人。出家为僧前俗姓张，名遂，唐高宗永淳二年（683）出生于邢州巨鹿县的一个破落贵族家庭。一行从小受到很好的教育，青年时期，他博览群书，在经史子集众多书籍中，他对于历象、阴阳、五行之类的书尤其感兴趣，并已有相当深的造诣。

这时正是武则天执政时期，一行因为不满她的侄子武三思的行为，拒绝与武三思往来，于是选择了离开长安城。后来，一行在嵩山出家为僧。

一行是在唐玄宗年间被多次征召，不得已进京的。从此一行被安置在兴庆宫的光太殿，晚年他住在华严寺，直到开元十五年（727）去世。

知识链接

交食食分和亏起方位

关于这个问题，还要从太阳和月亮的运行轨道讲起。早在汉朝以前，古人已经认识到太阳和月亮的视运动轨道有所不同。东汉刘洪的《乾象历》（206）中已经明确指出，太阳周年视运动轨道（黄道）同月亮视运动轨道（白道）之间有一个约为6°的交角，叫作"兼数"，现代天文学上叫作"黄白交角"。黄道与白道有两个交点，当时也知道这两个交点每年都在移动。由于这种原因，使得每次交食（日月食）最初发生在什么部位，交食深浅程度等都有不同，这就是交食食分和亏起方位角问题。

三国时期，魏国的杨伟根据实际测量，在其编撰的《景初历》中首先提出了计算交食亏起方位与交食食分的方法，对准确地预报和推算日月食有很大的作用。这一方法从魏景初元年起沿用了二百多年。到了唐朝的《大衍历》，一行对交食食分和亏起方位的关系描述得更加具体而简洁。

新天文仪器的制造

为了编制《大衍历》，在一行的主持下，不仅制造了新的天文仪器，完成了全天恒星的测量工作，而且还进行了一次子午线测量和大地测量。一行和梁令瓒设计并制造了黄道游仪。唐玄宗"亲为制铭，置于灵台以考星度"。一行和梁令瓒的黄道游仪承继李淳风的黄道浑仪，并进行改进。首先，针对李淳风设计的白道环在黄道环上每隔1°30′左右才移动一下，以及黄道环在赤道环上不能移动的缺点，他在赤道环和黄道环都每隔1°打上一个洞，使黄道环可以沿赤道环移动，白道环可以沿黄道环移动。一行称黄道游仪为"动合天运，简而易从"。此外一行与梁令瓒等人还制造了一架浑象，以巧妙的轮轴结构构成，注水激轮，令其自转，一日一夜，运转一周。这是张衡水运浑象的发展。其中特别是安装有自动报时器。

一行还发明了一种名为"覆矩图"的测量仪器，供他领导的大地测量之用。看似"覆矩图"是一幅图，但它实际上是一种测量工具。目前，记载它的构造、用途的文献几乎寥寥，《旧唐书·天文志》有"以覆矩斜视北极出地"多少度的话，可见其用途，是用来测量北极出地度的。关于其构造可以进一步推测，大概是把"矩"——古代一种用途非常广泛的制图和测量工具，很像今天木工用的直角曲尺，倒过来使用。在矩角的顶端挂一铅垂线，下面装置一个有刻度的弧形分度器。使用时，沿着矩的一条边瞄准北极星，悬挂铅垂的线就落在分度器的某一刻度上，显示出该地方的北极高度。北极高度就是北极出地的仰角，按照现代天文学，它与北极的天顶距互为余角。所以一行等人巧妙地利用了"直角矩尺"图，测量任何地方的北极高度。

恒 星 测 量

一行利用黄道游仪组织了一批天文学工作者进行观测，取得了一系列关于日月星辰运动的第一手资料，发现了恒星的位置与汉朝相比较，已有相当大的变化；这个发现导致了他的历法里废弃及沿用达八百多年的二十八宿距度数据，采用了新的数据。

一行关于恒星测量的新发现，主要源于把它们相对于黄道的位置同汉朝的数值进行比较后的结果。《新唐书》和《旧唐书》的"天文志"里都收录了这些材料。过去也有的学者认为一行据此发现了恒星的自行，这一观点似乎有点拔高古人的发现，但是最有可能的是因为古代天体测量的精度不高才产生了这个误差值。但是，从此以后，对全天恒星位置的测量更加重视了，并且从唐朝以后，出现了不少具有科学意义的全天星图，这与一行的这个发现有着密切的关系。

唐朝从唐高宗麟德二年（665）以后一直行用唐初著名天文学家李淳风编订的《麟德历》，这部历法虽然比过去的历法好得多，但是到了一行的时候，已经行用了五六十年，误差日渐增加，在日食推算上屡次失误。于是，唐玄宗开元九年（721），诏僧一行作新历。为此，一行组织领导了新仪器的制造和天文观测，为他的编历工作奠定了观测基础。开元十五年（727）新历草成，一行也即去世。历经和历议等有关文字材料都是当时的宰相张说和历官陈玄景编次进上的。开元十七年（729）《大衍历》颁行。

《大衍历》不仅是当时最优秀的历法，也是我国历法史上优秀的历法。它有很多成就值得重视。

1. 发明了定气的概念

该书认为冬至时日行最急，夏至时日行最缓。这是对太阳周年视运动规律比较正确的认识，它改掉了刘焯以春分前一日日行最速的错误认识。一行对太阳运动的这个认识，是张子信发现太阳视运

知识链接

大 地 测 量

中外历史上第一次大地测量工作是在中国唐朝进行的。因为唐初国家的统一，生产力的提高为这次大规模的大地测量工作提供了雄厚的物质条件和政策保障。而且，为了维护国家的统一，制定一部精确而适用广泛的历法也是不可或缺的。正是在这样的历史条件下，人们才得以冲破传统观念的狭隘束缚，使得历史上第一次子午线长度的测量得以实现。为了使新编的历法适用于全国各地，开元十二年（724）在一行领导下进行了大规模的大地测量。

测量地点共选择12处，分布范围到达唐朝疆域的南北两端，测量内容主要包括：测量各地的北极高度，各地的冬、夏至日和春、秋分日太阳在正南方时的日影长度，各地昼夜长短，见同一次日食的食分和时刻等。一行等人利用"覆矩图"进行北极高度等的测量。其中南宫说等人在河南的白马、浚仪、扶沟、上蔡四处的测量数据尤为重要。因为这四个地方的地理经度比较接近，即大致上是在南北一条线上，南宫说等人直接量度了四地间的距离。测量结果证实了自何承天起就被否定了的汉以前关于"南北相距一千里，日影差一寸"的说法。按照古制 1 里 =300 步，1 步 =5 尺进行换算，所以以上数据相当于南北相差 129.22 千米，这是地球上子午线 1° 的长度。现代值是 111.2 千米。一行利用圭表测影不仅得出了子午线 1° 的弧长，为世界子午线测量史上之嚆矢。由于对圭表测影原理的谙熟，一行进一步发现了当表高固定时，太阳天顶距和影长之间具有的比例数字关系，这相当于世界上第一张正切函数表。

此外，在中国古代天文学名著《周髀算经》中就已经得到"日影千里差一寸"的观点。尽管它是一条错误的结论，但是长期以来，人们总是不加证实地相信它。后来经过历代天文学家们不断地实际测量，特别是南朝的何承天、隋朝的刘焯等，终于由唐朝的一行等人推翻了这条在古代就确信的"真理"。

一行、南宫说等人的测量之所以具有特殊意义，不仅仅是因为他们实施了刘焯的方案，以实测推翻错误的陈说，更重要的是，一行他们测量的结果，经过精确的计算，得出了"大率五百二十六里二百七十步而北极差一度半，三百五十一里八十步而差一度"的结论。这就是在上文中我们论述的内容。

动不均匀性以来的首次正确的解释。

2.《大衍历》采用平气注历，而以定气计算太阳的视运动

在进行这项计算时，还发明了相应的数学计算方法，即《大衍历》在《皇极历》的基础上发明了不等间距二次差内插法。

3.《大衍历》在日月食计算上考虑到视差对交食的影响

视差的发现归功于北齐的张子信，隋朝刘焯的《皇极历》也注意到了这种现象，首次提出了"当食不食"和"不当食而食"的问题，用现代天文学知识来解释很容易，这是由于视差的缘故——就是因为人们在地面上某一点观测天体的视位置要低于该天体的实际位置。一行虽然不能了解视差现象，但是一行等人在制定《大衍历》时发现，这种影响与地理纬度、太阳和月亮的视位置有关，这是一个正确的认识。《大衍历》里把这种影响称作"食差"，并对不同纬度、不同季节分别创立了计算公式，他称之为"九服食差"。"九服"是指各地的意思。食差的计算虽然基本上是一些经验公式，但是它们使日月食的预报工作向前推进了一大步。

4. 交食食分和亏起方位的计算

三国时期杨伟的《景初历》里，首先提出了计算交食食分和亏起方位的方法，对推算和预报日月食有很大的作用。这种方法从魏景初元年（237）起沿用了二百多年。到了唐朝的《大衍历》，对交食食分和亏起方位描述得更加具体而简洁。

另外，《大衍历》还首先发现全国许多地方同时观测同一次日食，各地所见到的情形有所不同。在《大衍历议》中首次记载了类似于"食带"的问题。

5.《大衍历》研究历朝历代历法的编算结构

归纳成七篇，分别为步中朔术、步发敛术、步日躔术、步月离术、步轨漏术、步交会术、步五星术，内容和结构非常系统，这样一个成熟的历法体系为后世所效法。《大衍历》的许多数据既有当时的观测基础，又吸取了前人的先进成果，所以它成为有史以来最好的一部历法。

《大衍历》颁行四年之后，有个历法家瞿昙譔和最终完成《大衍历》的陈玄景一起提出批评说："《大衍历》写《九执历》，其术未尽。"曾经在一行领导下进行过子午线长度测量的南宫说也提出责难。于是唐玄宗也有些疑惑了。他命令侍御史李麟、太史令桓执圭等人把历年来的灵台观测记录与《大衍历》《麟德历》《九执历》几种历法的推算结果相比较，结果证明，《大衍历》十次有七八次准确，《麟德历》十次这有三四次准确，《九执历》十次中只有一两次准确。事实胜于雄辩，反对派至此也无话可说了。《大衍历》才得以继续使用，南宫说等人因而受到了处罚。开元二十一年（733），《大衍历》传入日本，于天宝八年（749）在日本正式颁行使用，一直使用了将近一百年。

17 唐朝的中印天文学交流

佛教传入中国早期，有相当丰富的佛经被翻译成了汉文，而这些佛经中包含了大量天文学知识。佛经在中国的传播可以上溯至东汉末年，在南北朝时盛极一时，到了唐朝，由于朝廷对新的西来天

知识链接

印度古代天文学

为了研究太阳和月亮的运动，古印度人对恒星也作了许多细致的观测。早在吠陀时代，他们就把黄道附近的恒星划分为二十七宿，"宿"的梵文就是"月站"之意，音译为"纳沙特拉"。也就是说，他们把月亮在天空的位置划分为二十七处，每一处都是月亮之站台。二十七宿的全部名称最早出现在《鹧鸪氏梵书》。当时以昴宿为第一宿。在史诗《摩诃婆罗多》里则以牛郎星为第一宿。后来又改以白羊座 β 星为第一宿。这个体系一直沿用到晚近。

印度二十七宿的划分方法是等份的，但各宿的起点并不正好有较亮的星，于是他们就选择该宿范围内最高的一颗星作为联络星，每个宿都以联络星星名命名。印度也有二十八宿的划分方法，增加的一宿位于人马座 α 和天鹰座 α 间，名为"阿皮季德"，梵文意为"麦粒"宿。

古印度人很早就开始了天文历法的研究，吠陀时代，他们已有不少天文历法知识。那时，他们把一年定为 360 日，分为 12 个月，也有置闰的方法。我国唐朝时，古印度学家的后裔瞿昙悉达著有《开元占经》一书。这部书里所介绍的"九执历"是那时印度较先进的历法。

这部历法规定，一恒星年为 365.272 6 日（今测值为 365.256 36 日），一朔望日为 29.530 583 日（今测值为 29.530 589 日），采用了十九年七闰的置闰方法。

古印度比较著名的天文历法著作，是前 6 世纪形成的《太阳悉檀多》。这部著作讲述了时间的测量、分至点、日月食、行星的运动和测量仪器等许多问题。这部书成为古印度经典天文学家著作，它同时还是古印度最重要的数学著作之一，对古印度天文学和数学有很大的影响。

古印度人对恒星也作了许多细致的观测。早在吠陀时代，他们就把黄道附近的恒星划分为二十七宿，"宿"的梵文就是"月站"之意。就是说，他们把月亮在天空的位置划分为二十七处，每一处都是月亮之站台。

前 5 世纪后期圣使所著的《圣使集》中提到，天球运动是地球绕地轴旋转而引起的。可是这一超时代的正确见解，并没有受到当时人的接受。在这部重要的天文学著作中，还讨论了日、月和行星的运动，以及推算日月食的方法等。

在古印度，不同时代的人对宇宙有着不同的看法。在吠陀时代，人们认为天地的中央是一座名叫须弥山的大山，日、月都绕此山运行，太阳绕行一周即为一昼夜。

而《太阳悉檀多》则认为大地是球形，北极是山顶，此山名叫墨路山，那是神的住所，日、月和五星的运行是一股宇宙风所驱使，一股更大的宇宙风则使所有天体一起旋转。

而古印度著名的天文学家作明（1114—?）在他的《历数全书头珠》一书中，主张地球是靠自身的力量固定于宇宙之中，其上有七重气，分别推动日月和五星的运行。作明的想法已受到了古希腊人的影响。

文历法的极大兴趣，印度天文学曾经一度在朝廷占据了重要地位，扮演了重要的角色。

围绕随佛经传入的主要印度天文学内容是"七曜术"。所谓"七曜"，是指日、月及水、金、火、木、土五大行星，总共七个天体。虽然中国历代天文历法的主要内容也是研究这七个天体的运动状况，但是通常提到"七曜术"或"七曜历术"等却具有独特的指称——专门指来源于印度及其周边的异域天文学，自从唐朝以来更是如此。

进入唐朝，不仅传入的佛经及其翻译的数量大大增加，传入了包括印度的天地结构、日月运行以及宇宙论等方面的内容，特别是以研究"七曜术"为主的印度数理天文学知识，在中国曾经一度影响非常深刻。

印度曾经有天文学家一度活跃在唐朝的官方天文机构，而且担任了天文学官职，如著名的"天竺三家"——迦叶氏、拘摩罗氏和瞿昙氏。这三家中又以瞿昙氏最为显赫。根据文献记载，可知瞿昙家族来中国的第一代叫作瞿昙逸，史称其"高道不仕"。后来，瞿昙逸之子瞿昙罗在唐麟德年间任太史令，这是唐初最大的天文官职。瞿昙罗之子瞿昙悉达在开元初任太史监，父子俩皆为唐朝天文机构的最高官史。再后来，瞿昙悉达之子瞿昙譔的最高任职是司天少监，相当于国家天文台的副台长，瞿昙譔之子瞿昙晏任职至冬官正，相当于部门负责人。

瞿昙悉达在开元六年(718)任太史监期间，奉召翻译印度历法《九执历》。这部历法在印度天文学中占有重要地位，对唐朝的历法改革做出了重要贡献。它也是研究中国和印度古代天文学交流的重要资料。瞿昙悉达来华后还有另外一部重要的著作就是编集了《开元占经》，《九执历》就保存在《开元占经》104 卷中。

在学术界，关于《九执历》纯为印度历法，出自西域已是不争的事实。但是，《九执历》可能并不是一种梵文原本，而是由当时的各种印度天文学文献摘编而成，这些书籍包括《五大历数全书汇编》以及《历法甘露》等。

《九执历》鲜明的域外天文学特征主要表现在如下六点。

（1）它将周天分为 360°，1° 分为 60′，又将一昼夜分为 60 刻，每刻 60 分；

（2）采用黄道坐标系和本轮均轮系统推算日月的不均匀运动；

（3）确定远地点在夏至点之前 10°，这完全符合当时的天文实际，而中国古代的历法一直没有区分远地点和夏至点以及近地点和冬至点；

（4）给出推算月亮视直径大小变化的方法；

（5）计算时使用三角函数的方法；

（6）采用恒星年为 365.276 2 日。朔望月为 29.530 583 日。

7 世纪前后，《九执历》是较为先进的印度历法。日、月、五星加罗睺和计都，合称九曜，九执的名称来源于此。罗睺和计都是印度天文学家假想的两个看不见的天体，实指黄、白道相交的升交点和降交点。《九执历》有推算日月运行和交食预报等方法，历元起自春分朔日夜半。

印度历法与中国古代历法有许多异同之处，首先，它们都是阴阳历，都采用十九年七闰法。其次，在中国古代天文学中通常采用 365 分度制，并且在制造浑仪等天文仪器时，把这种分度体系用到了仪器中。瞿昙悉达来到中国以后，曾经多次评论中国古代的分度体系。360° 体系源于古巴比伦，后来被古希腊天文学家沿用，大约 6 世纪希腊天文学传入印度，自此以后，印度天文学中采用一圆周分为 360°，或 21 600′ 的制度。在唐朝，随着印度天文学的大量引进，这种西方的 360° 制被引入历法中。

360° 制被引入中国历法体系中经历了一

知识链接

中印其他数学和天文学知识的交流

自南北朝佛教在中国盛行以来，我国与印度的关系日益密切。5 世纪以后，印度的数学进入了一个重要的发展时期，大约在 6 世纪时创立了位值制数码，建立土盘算术，另外，算术、代数、三角学都有迅速发展，这些知识后来经由阿拉伯国家传入欧洲。

据研究，位值制、土盘算术受到中国筹算方法的影响，其他如分数、弓形面积、球体积、勾股问题、圆周率、一次同余式、开方法、重差术等方面也都可以找到中国数学的痕迹，这些内容与中国传统数学不谋而合，值得重视和进一步研究。最早在中国创立的十进位置制记数法，以及在此基础之上的各种运算方法，经印度、阿拉伯国家而西传。

印度的天文学和数学传入了中国的主要典籍文献，可以参考《隋书·经籍志》。在这部隋书中记录有，天文类有《婆罗门天文经》二十卷、《婆罗门竭伽仙人天文说》三十卷《婆罗门天文》一卷，以及《摩登伽经说星图》一卷；历算类有《婆罗门算法》三卷，《婆罗门阴阳算历》一卷，《婆罗门算经》三卷。

个曲折的过程。印度天文学家瞿昙悉达在熟悉和了解中国古代历算学的特点以后，自然对 365° 制的演变历史和地位也非常清楚，他在《开元占经》中就多次谈到中国这种传统体系的特征。另一方面，瞿昙悉达也比较准确地把握了中国人崇古、信古的思想特点，《九执历》本身是印度历法，与中国传统格格不入，为了论证这种新的 360° 制的合理性与先进性，他尝试从中国古代传统中寻求理论支撑。他将古代的音律与历法结合起来，而中国在这方面的传统思想也是根深蒂固。另外一个原因是南朝梁时沈重推演的 360 律正好成为他的依据。于是他巧妙地将两者联系起来，提出 360° 符合音律制度，属于君权神授。此外他还利用了皇帝的权威性和印度天竺历法的神秘性，最后终于使得 360° 制顺利地被采纳。值得一提的是，一行《大衍历》中的月亮极黄纬表格就采用 360° 制，而不是 365° 制，《大衍历》在唐朝众多历法中非常突出，目前基本可以认为，一行的这种做法是学习了印度天文学。

但是有一点需要特别强调的是，这种 360° 制最终在唐朝的历法中没有站稳脚跟，没有完全取代原来的 365° 体系。

沈括的《十二气历》
—— 一部中国自己的阳历

宋朝是我国古代科学技术发展的高峰时期。宋朝涌现出一大批科学人才，沈括是这些科学家中最杰出的代表。英国科学技术史家李约瑟博士认真阅读了沈括著的《梦溪笔谈》后，认为他是"中国整部科学史上最卓越的人物"。日本数学家山上义夫对照比较了古代各国的优秀数学家后，得出结论："沈括这样的人物，在全世界数学史上找不到，唯有中国出了这样一个。"美国科学史家席文博士称沈括是"中国科学与工程史上最多才多艺的人物之一"。类似的评价还有不少。

沈括，字存中，北宋杭州钱塘人。北宋仁宗天圣九年（1031）出生，北宋绍圣二年（1095）病逝。沈括出生于一个封建官僚家庭，自幼有比较好的成长环境。宋仁宗皇祐三年（1051），沈括开始了他一生中三十余年的仕宦生涯。沈括后来参加科举考试进士及第，开始步入人生的辉煌时期。熙宁五年（1072），沈括任提举司天监。司天监是北宋元丰改制前的天文历法机构（元丰改制后称"太史局"）。在此期间，沈括主持制定了《奉元历》，代替了过时的《大衍历》。他主持编撰了新的仪器纲要：《浑仪议》《浮漏议》和《景表议》。

沈括一生都关注着天文学方面的问题，除了前述的两项外，他最有影响的一大成就是

《梦溪笔谈》

发明了《十二气历》。

在我国传统的阴阳历制度中，以12个朔望月为一年，一个朔望月即月亮绕地球一周的时间为29.530 6日，一个历年就是354.346 7天。一个回归年即地球绕太阳的周期，是365.242 2天。两者相差近11日，使得历法上一年的节气和月份的关系并不是固定的。虽有十九年七闰的闰月办法的调节，终究无法消除这个矛盾，即历日的安排不能尽善尽美、准确无误地符合节气。而节气和月份比较起来，节气对人类的生产、生活活动影响更大。

沈括在《梦溪笔谈》里提出了《十二气历》，这是一个革命性的建议。在这部历法中，沈括主张完全按节气来定历。他考虑到"万物生杀变化之节，皆主于气而已"，农民春耕、夏种、秋收、冬藏都要根据万物生长衰亡的变化规律进行。于是他提出历法以十二节气定月，立春为孟春（正月）初一，惊蛰为仲春（二月）初一等。大月三十一日，小月三十日。一般大小月相间，一年最多有一次二个小月相连。月亮圆缺和季节无关，但是可以在历书上注明"朔""望"以备参考。这个历法既简单，又便于农业生产。但是，它从根本上否定了中国几千年的阴阳历传统习惯。

沈括认为，历史上以朔望月作为测算时间的基本单位没有什么现实意义，"气朔相争"其实质是一个无聊的问题，因此大胆提出废除旧制历法，"以十二气为一年"。《十二气历》的产生说明，沈括不迷信古书，亦不受权威影响。大胆怀疑，有勇于创新的气魄。

在习惯势力占统治地位的封建社会里，沈括的《十二气历》是不可能实行的。的确，沈括因为否定了阴历，被扣上离经叛道的帽子，因此遭到士大夫们的谩骂，《十二气历》不仅未被当局接受，直到清元祐二年（1087），因完成《守令图》（又称为《天下州县图》），沈括得宋哲宗"任便居住"的赦令。于是，退出政坛的沈括来到了当年多次梦到的好地方——花香鸟语、溪水潺潺的梦溪园。他在这里居住了十年，完成了他平生最伟大的一部著作《梦溪笔谈》。

《梦溪笔谈》原书分故事、辩证、乐律、象数、人事、官政、权智、艺文、书画、技艺、器用、神奇、异事、谬误、讥谑、杂志、药议 17 门，共计 609 条。其中属于科学技术的约 255 条，内容涉及数学、天文历法、地理、地质、气象、物理、化学、冶金、兵器、水利、建筑、动植物及医药等广阔的领域。其中有对当时科学技术成就的十分珍贵的忠实记录，如喻皓的《木经》，毕昇发明的活字印刷，水工高超巧合龙门的施工法、冷锻瘊子甲和灌钢技术、磁针装置四法、水法炼钢法、淮南漕渠的复闸、苏州昆山浅水中筑堤法等，还有沈括本人坚持实践、深入钻研的科学成果。《梦溪笔谈》保存了北宋大量的科技史料及作者的创见，反映了当时的科技水平，不愧为"中国科学史上的里程碑"。

沈括一生"博学善文，于天文、方志、律历、音乐、医药、卜算无所不通，皆有所论著"。沈括一生论著甚多，相当博学，不愧是宋朝科学家的杰出代表。

朝阮元等人还攻击它"不合经义"。沈括自己说过："今此历论，尤当取怪怒攻骂，然异时必有用予之说者。"沈括预料到会有责怪怒骂，同时他坚信时间会证明一切，后人会采纳他的思想。他的这种置之泰然的态度，说明他对自己依靠事实、大胆怀疑、提出创见的自信。

沈括所提倡的阳历法的基本原理，至今已被世界各国所接受，英国气象局统计农业气候和生产所用的《萧伯纳历》，就与沈括的《十二气历》有相同的原理。只是后者的产生时间在 20 世纪 30 年代。纯阳历的原则在后世的中国果然也实行了，太平天国的天历和辛亥革命以后引进的现行公历，都是节气位置相对固定的阳历，其实质和沈括的《十二气历》是极为相似的。

沈括为测验极星与天北极的真实距离，他亲自设计能使极星保持在视场之内的窥管，连续进行三个月的观测，每夜观测三次，"凡为二百余图"，进一步得到当时的极星"离天极三度有余"的结论。

沈括对晷漏进行了长达十余年的观测与研究，得到了超越前人的见解，从理论上推导出冬至日昼夜一天的长度"百刻而有余"，夏至日昼夜一天的长度"不及百刻"的重要结果。

沈括坚持了"月本无光""日耀之乃光耳"的科学认识，并用实验的方法用"一弹丸，以粉涂其半，侧视之则粉然如钩，对视之，则正圆。"形象地演示了月亮盈亏的现象。

沈括十分重视观测手段的改进，"熙宁七年（1074）七月，沈括上浑仪、浮漏，景（古代同"影"）表三议"，分别对这三种天文仪器，经过深思熟虑后提出了改进意见和设计方案，对于天文观测精度的提高，大有裨益。

19 郭守敬与《授时历》

郭守敬（1231—1316），元朝著名科学家与天文学家，字若思，顺德邢台（今河北省邢台市）人。在祖父郭荣的影响下，他对科学产生了浓厚的兴趣，在天文仪器制造、天文观测和水利工程等领域中成绩卓著，他与王恂等人共同编制的《授时历》标志着我国古代历法的巅峰。

至元十三年（1276），元军攻占南宋都城临安（今浙江省杭州市），中国统一已成定局。于是，元世祖忽必烈下令由太子赞善王恂、都水监郭守敬领导，设立太史局，召集南北历官，修订新历，并且命御史中丞张文谦、枢密副使张易二人主管这件事。围绕着这次修历进行了一系列重大的天文活动，如建造仪器、进行观测、到全国二十七个地点测影、测北极高度等。经过四年的努力，新历告成，元世祖对新编的历法极为满意，并为新历取了名，他按照《尚书·尧典》中"敬授民时"一语，将新历定名为《授时历》，并规定于至元十八年（1281）颁行。就在这一年，王恂病故，而历法的文字和数表还没有定稿。以后由郭守敬在几年内撰成《推步》七卷、《立成》二卷、《历议》拟稿三卷等有关书稿。因此，郭守敬通常被认为是《授时历》的作者。

郭守敬认为"历之本在于测验，而测验之器莫先仪表"。因此，十分注意天文仪器的改革和天象的观测。在忽必烈的支持下，郭守敬、王恂等人进行了一次大规模的"四海测验"活动，在全国建立了二十七座观测所，测量当地纬度，由南海到北海（15° N~65° N），从西沙群岛至北极圈附近，每隔10° 设一观测站，测量夏至日日影长度和昼夜长短。其中，登封观星台是目前中国现存最早的一座观

郭守敬制造新仪器

在改历中，郭守敬首先提出了"历之本在于测验，而测验之器莫先仪表"的正确主张。修订历法工作一开始，郭守敬就提出设计一套新的仪器。郭守敬一生先后设计制作的天文仪器约有20种，他制作的仪器，精巧和准确程度都比旧的仪器高得多，包括有简仪、高表、景符，还有仰仪、玲珑仪、正方案、七宝灯漏和水运浑天漏等。其中简仪结构比较简单、刻度精密；仰仪用于测量地方真太阳时和太阳视赤纬，亦可用于观测日食；玲珑仪用于观测日、月的赤道坐标，又有假天仪的功能；正方案用于厘定方向和测量地理纬度；上述最后两件仪器分别具有自动报时仪和自动演示日月星辰运行状况的功能。这些仪器结构新颖、实用有效。

玲珑仪

圭表测影是古代的一项重要测量技术，但是"表"在"圭"上的投影影端很难掌握。针对这种情况，郭守敬进行了三项改进，首先，把2.67米加高五倍，观星台的表高为13.33米，故称"高表"，这样就减小了测量的相对误差。其次，表顶端安装一横梁，日光通过横梁，投影可以反映日面中心的高度。第三，在石圭上面附加一个"景符"，景符用铜片制成，中间有一小孔，斜放在圭上面，可以随日影移动。光照射横梁的阴影通过小孔投在圭面上，阴影的边沿非常清楚，可以比较精确地测量影长。

正方案

关于简仪，他对古代以来的浑仪进行了大胆革新。他保留了浑仪中最主要、最必需的两个圆环系统，又把其中的一组分出来，而将其他系统的圆环完全取消，改成另一种独立的仪器。他还将原来罩在外面作为固定支架用的那些圆环全部撤除，使保留下来的圆环四面凌空，毫无遮挡，开阔了观测视野。这样，他就根本改变了浑仪的结构。经过改制后的浑仪，结构简单，方便实用，故人们称之为"简仪"。耶稣会士汤若望在看到郭守敬制造的简仪以后，称郭守敬为"中国的第谷"。

关于仰仪，它利用了小孔成像原理，在一座仰放着的中空半球面仪器内用十字杆架着一块有小孔的板，孔的位置正在半球面的中心。太阳光

简仪

经过小孔，在半球面上形成太阳的倒像。从球面上刻的坐标网立刻可以读出太阳的位置和当地当时的真太阳时。而当日食时还可观测日食的食分、各食象发生的时刻及日食时太阳所在的位置，对月亮和月食也能进行类似的观测。这块有小孔的可转动的板称为璇玑板，它很可能就是用来检验交会的日月食仪。郭守敬的杰出创造，把我国古代天文仪器的制造推到了一个新的高峰。

郭守敬天文仪器制造方面，以其数量之多，质量之高和创新之众，勇冠历代天文仪器制造家之首。据《元史》记载，大部分天文台上都有郭守敬制作的仪器13件。

知识链接

郭守敬与"四海测验"

　　1279年，郭守敬奏进仪表式样时，列举唐一行为编《大衍历》做全国天文测量的示例，提出为编《授时历》也应进行全国天文测量。

　　郭守敬主持了这次大规模的、全国性的天文测量工作，观测内容与一行当年的相仿，观测站数比唐朝多一倍，得到了丰硕的成果。对于一系列天文常数也都进行了测量，如：（1）1280年冬至时刻的精密测定；（2）测定当年冬至太阳位置；（3）测定当年冬至月离近地点距离；（4）测当年冬至月离黄白交点距离；（5）测定二十八宿距星度数（精度比北宋时提高一倍）；（6）测定元大都（即北京）二十四节气日出入时刻等，也都取得了重要的成果。

　　至今犹存的观测站之一在古人认为是"地中"的阳城，此即今河南登封测景台，又称元朝观星台。登封测景台不只是一个观测站，同时也是一个固定的高表。表顶端就是高台上的横梁，距地面垂直距离13.33米。高台北面正南北横卧着石砌的圭，石圭俗称"量天尺"，长达40米。与通常使用的八尺高表比较，新的表高为原来表高的五倍，减小了测量的相对误差。为了准确读取影端数字，郭守敬依据小孔成像的原理，发明了"景符"这一重要的测影器具。在河南登封观星台，我们还可以看到四丈高表的遗迹。

　　郭守敬的测量精度大大提高了，这比其后三百年欧洲最精密的天文观测还要精确，它们为编撰《授时历》提供了高精度的原始测量数据。

星台。

　　《授时历》吸取了历朝历代历法的先进经验，所用天文数据几乎都是历史上最先进的。例如，朔望月、近点月、交点月等数据取自金《重修大明历》；回归年数据取自杨忠辅《统天历》；并且也接受了《统天历》关于回归年长度变化的说法，不过数值改为上推每百年长万分之一日，下推每百年消万分之一日。其误差较《统天历》为小。

　　郭守敬在测量的基础上，重新确定了以下数据：（1）至元十三年到至元十七年的冬至时刻；（2）回归年长度及岁差常数。关于回归年长度的确定，他收集了从大明六年（462）到至元十五年（1278）间总共八百一十九年的冬至时刻，又从中选出六个较为准确的数据，求得一回归年长为365.242 5日。此值与现行公历(格里历)值相同，但在时间上要早三百多年；（3）冬至日太阳的位置；（4）月亮过近地点的时刻；（5）冬至前月亮过升交点的时刻；（6）二十八宿的赤道坐标；（7）元大都日出日没时刻及昼夜时间长短。

　　郭守敬的天文测量工作既充分吸收了前朝历法的精髓，又有所创新。例如，对冬至日躔的测定，郭守敬主要采用后秦姜岌的"月食冲法"，同时采用姚舜辅发明的方法：先测定太阳与金星之间的距度，再测定昏旦时金星在恒星间的位置，进而推算出冬至日躔的数据。在姚舜辅法的基础上，郭守敬又增加月亮和木星为观测对象，从而得到尽量多的可资利用的第一手观测结果。经过三年的不懈努力，郭守敬共获得 134 个数据，最后定出 1281 年冬至时太阳在赤道箕宿 10°，这与理论值之差仅约 0.2°，足见郭守敬观测工作之精良可靠。

此外他又计算出五项新的数据：（1）太阳在黄道上非匀速运行速度；（2）月亮在白道上非匀速运行速度；（3）由太阳的黄道积度计算太阳的赤道积度；（4）由太阳的黄道积度计算太阳的去极度；（5）白道与赤道交点的位置。《授时历》采用的天文数据是相当精确的。如郭守敬等重新测定的黄赤大距（黄赤交角）为 23.903 0 古度，约折合今度 23° 33′ 34″，与理论推算值的误差仅为 1′ 36″。法国著名数学家和天文学家拉普拉斯在论述黄赤交角逐渐变小的理论时，曾引用郭守敬的测定值，并给予其高度评价。

《授时历》废除用复杂分数表示天文数据的办法。它以一日为 100 刻，一刻为 100 分，一分为 100 秒，秒以下的单位也一律百进，主要的天文数据以一万为分母。唐朝南宫说、曹士蒍的先进经验终于得到贯彻。

《授时历》彻底废除上元积年，以至元十八年天正冬至（实即至元十七年十一月里的冬至）为历元。根据实际观测，确定了当年的气应（冬至距上个甲子日夜半的时间）、闰应（冬至距十一月朔的时间）、转应（冬至距月过近地点的时间）和交应（冬至距约过黄白交点的时间）等数据。这些办法和近代编算天文年历中使用的办法是相近的。

对于日、月、五星运动不均匀

的计算改正方面,《授时历》明确应用了完善的三次差内插法。研究表明,这些算法与古代希腊和印度所使用的相应算式的精度相当,即在这一论题上,中西天文学达到了殊途同归的境地。

在数学方面,《授时历》的推算中使用了郭守敬创立的新数学方法——即《授时历》在日、月、五星运动的推算中有所谓"创法五事"。其中最重要的有"招差法",是利用累次积差求太阳、月亮运行速度的,这种计算方法原则上与1670年牛顿创立的内插法是一样的。另外一项最重要的创造是在解决天体的黄道和赤道度数互相换算的问题中创立了"弧矢割圆术",就是将圆弧线段化成弦、矢等直线线段来计算的一种方法,在它们的演算中使用了若干和球面三角术相合的公式。它们是中国人发明的解决球面三角问题的特有方法。

《授时历》是历朝历代中最先进的一部历法,但也还有缺点。它受到中国古代数学的限制,在解决三角函数值和反三角函数值的问题时取用了近似公式,它虽然得到了正确的球面三角公式,但却丧失了一般求解的公式和意义。

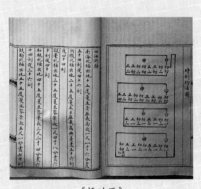

《授时历》

20 元朝的中阿天文学交流

　　蒙古族和其他民族一样，有悠久的历史。十三四世纪期间，以蒙古族为主体建立了元王朝。成吉思汗创蒙古帝国，至太宗窝阔台时，在蒙古民族兴起之地兴建和林城，于1236年营建孔子庙和司天台，蒙古政权就在此地颁行了赵知微的《重修大明历》。这个建立在和林的司天台，是蒙古人兴起后在自己本土建立的第一个天文台。

　　1256年蒙古旭烈兀（成吉思汗第四子托雷之子，忽必烈的同母弟）攻陷阿萨辛派的阿拉木特堡，"解救"出有名的天文学家纳西尔丁·图西（Nasir Din Tusi，1201—1274）。此后纳西尔丁·图西成为旭烈兀科学和宗教方面的顾问。1258年旭烈兀攻陷巴格达，建立伊尔汗国。由于旭烈兀喜爱星占学，纳西尔丁·图西得到了他的敬重。纳西尔丁·图西设法说服了旭烈兀建立一座天文台。1259年，伊斯兰天文学家纳西尔丁·图西在马拉加城（今伊朗西北部大不里士城南）西山岗上开始筹建马拉加天文台（Maragha Observatory）。它一直使用到14世纪初，是当时世界上最大的天文台。

　　马拉加天文台有来自东西方的学者共同工作，从事行星运动和恒星方位的观测。马拉加天文台包括一个大图书馆，其中取自巴格达的书籍甚多。天文仪器安放在室外露天，其中包括一座半径不小于4.27米的墙象限仪、一座环的半径约1.52米的浑仪和许多较小一些的仪器，还有一座地球仪，分全球为五带。1272年图西根据测量结果，完成了一部《积尺》，历史上称为《伊尔汗表》，它是根据托勒密《实用天文表》（Handy Tables）而编纂的包含大量天文数表的历数书，还介绍了数表使用方法。

元大都天文台

　　元大都天文台地址选择"都邑东墉下"，相当于今北京建国门外泡子河北，和北司天台同时并存，规模和设备都不亚于纳西尔丁·图西所建立的马拉加天文台。大都天文台又叫灵台，由太史院主管。整个建筑南北333.33米，东西83.33米，高23.33米，包括顶层共3层。下层为太史院的办公处和研究室，中层是收藏图书资料和室内仪器的处所，顶层是露天的观测台，放置大量天文仪器。据《元史》记载，这些仪器有：玲珑仪、简仪、浑天象、仰仪、高表、立运仪、证理仪、景符、阁几、日月食仪、星晷定时仪、候极仪、正仪、正方案和仪座等，主要由郭守敬负责制造。下层又分为日（南）、朝（东）、夕（西）、阴（北）四面，从太史令到一般工作人员分别在四面各室办公和研究工作：日面，中室为官府，主管全太史院的各项事务，太史令、同知太史院事、从院事。无定员。下属有主事、令史、译史、干事、库局之司等。中室之左右各有旁室，"以会司属议"。凡推测星历诸生70人，分属于朝、夕二局（室）：朝室负责推算作，有五官正、保章正，及副职还有掌历；夕室负责测验，有灵台郎、益候，及副职；管理漏刻的絜壶正、司表朗也在夕室。阴室为"器物出纳"，是物品保管室。

　　印历工作局等分别建在灵台的东南角和西南角。把天文台和天文研究机构建在一起，设计周到、完美，一改以前天文机构与天文台长期分离的状态。

　　元大都天文台设备完善，工作人员众多。白天有人负责整理前夜观测结果，拟订当夜观测计划，根据计划，用浑天象、星图星表来设计。负责时间的人观测着高表、仰仪、日晷，并和滴漏校对。负责历算的几十人，则在中间一层查阅历史资料，计算新的历法。夜晚更加繁忙，巨大的浑仪、简仪都进行观测，漏房中不时地报告时间。守候四方的目视观测人员凝视着深邃的夜空。他们观测的项目繁多，观测的对象也比前人增加了很多。日月出没、没有命名的星官、日食月食、异常天象、天极位置、五星会合、彗孛流陨、二十八宿、日影月影……都属观测之列。天亮前还要整理出异常天象，准备上奏。

　　大都天文台是当时世界上规模最大、设备最完善的天文台之一。明清时期，对大都天文台旧址又进行了改建。大都天文台的兴建，把太史院机构与观测台——灵台有机地建在一起。可见，在13世纪的中国有三个天文历法研究机构：两个在上都，一个在大都。

　　图西一生著书极为丰富，据统计，数学书籍有28种，天文学有23种，其他有14种，总共65种，都有抄本流传。图西在联结中国与阿拉伯历法的内容和活动方面具有独特的历史作用。1274年图西在巴格达病逝。图西去世后，马拉加天文台结束了创造性的时期。不过观测活动一直持续到了下一个世纪。

　　忽必烈在至元十三年（1276）任用著名的科学家郭守敬和王恂，进行了一次规模巨大的历法改革，主要内容有仪器制造、天文大地测量、建造新天文台、编制新历法。1279年，元世祖忽必烈批准兴建规模宏伟的大都（今北京市）天文台，历法改革就是这次重新修建天文台主要的动机。

　　郭守敬的简仪有可能受到来自马拉加天文台的札马鲁丁等人的影响，札马鲁丁带来了黄赤道转换的知识。10年后，郭守敬为了重新装备元大都天文台，应用了这些知识，建造了简仪，但是黄道圈等一系列部件则被简化掉了。李约瑟博士在其著作中对简仪的设计与制造给予了充分的肯定。

　　元朝有中外科技交流的基础，特别是与中亚之间的交流因为地缘关系一直没有中断。其中和撒马尔罕的交流较多，直到元末也未停止。特别值得一提的是撒马尔罕的统治者、天文学家兀鲁伯（Ulugh Beg Ohservatory，1394—1449）于1428—1429年建造的兀鲁伯天文台，是中世纪具有世界影响的天文台之一。它也是乌兹别克斯坦的重要古迹。兀鲁伯天文台聚集了大批天文学家和数学家，其中最有代表性的学者是阿尔·卡西（Al Kashi），兀鲁伯最有代表性的工作是《兀鲁伯星表》，英国牛津大学于1665年出版了这本星表，以后，在欧美各国于1767、1843、1853年及1917年多次翻印，概述了当时的天文学基础理论和1018颗星的黄经、黄纬。这是继古希腊天文学家希帕克斯和托勒密之后，测定星辰位置的最准确的记录。他曾用台上的仪器测得黄赤交角值为23° 30′ 20″，比以往西方所用值都要精密。

知识链接

登封测景台

　　今河南登封测景台（"景"字古代同"影"），又称元朝观星台。

　　明嘉靖七年（1528）陈宣所撰《周公祠堂记》有"观星台，甚高且宽，旧有挈壶漏刻以符日景，而求中之法尽矣"。这句话点出了古代"观星台"的名称和建制，说明观星台曾经设有计时仪器，经考证，除了测量日影和计时的功能以外，当年的观星台上可能还有观测星象的设施，并有过在此地观测北极星的记录。由此推测，观星台可能是一个仪器配套齐备的能进行系统天文观测的天文台。

　　现存观星台由台身和量天尺两部分组成，台身颇似覆斗，台高9.46米，连台顶通高12.62米。台顶每边8米，台基每边16.7米。在台身北面各有两个对称出入口，筑有砖石踏道，簇拥台体，使整个建筑布局显得庄严巍峨。台底到台顶，是有凹槽的"高表"，槽的东西壁对称，自下而上有明显的收分，唯南壁上下垂直。在凹槽的正北是36块青石铺成的石圭（俗称量天尺），石圭通长31.19米，上刻有两条平行水槽，上面可以注水取平，在台以上13.33米外架设横梁一根，正午时梁影通过景符投射在石圭上，就是当天的日影长度。观星台不仅可以测日影，而且还可以观星象，即"昼测日影，夜观极星，以正朝夕"，也就是中午测日影，夜间观察星象，以此验证时间和四季。

21 利玛窦与徐光启

利玛窦（Mattheo Ricci，1552—1610）是第一个深入到中国内陆并进行终生传教的耶稣会士。1582 年 8 月 7 日利玛窦进入澳门，开始学习中文，广泛了解中国的风土人情。他无论对宗教，还是世界地图、地球仪、日晷、星盘等天文仪器都很了解。

利玛窦在万历十一年（1583）抵达肇庆后就开始制作地图，并赠送于当道。在南京的几个月里，他重新修订和补充了绘制的世界地图。

利玛窦在肇庆时就经常组织陈列和介绍西方书籍，特别是在机械制造方面，例如天球仪、太阳象限仪、分光棱镜和自鸣钟等，而且利玛窦自己就能够检测和调试。其中如自鸣钟、日晷、三棱镜等常常是他利用各种机会向朝廷士人以及皇上赠送的礼物。

1589 年 8 月，利玛窦随其他天主教徒一起搬到韶州。通过与韶州的一位叫作瞿汝夔的知识分子交往，对中国"新"知识分子以及他们组织的"学社"有所了解。天主教"三大柱石"之徐光启、李之藻和杨廷筠都出自这些学社。利玛窦以这些人为媒介，把新理论、新知识介绍到了中国。

在利玛窦从韶州一路北上的过程中，利玛窦和郭居静测量了他们所经过的大城市所在的地理纬度，他们还测量了从一个城市到另一个城市的距离。利玛窦一行总共实测了八个城市：北京、南京、大同、广州、杭州、西安、太原、济南等地的经纬度。《明史》的实测值和推导值参考了利玛窦等人的实测数据。

利玛窦的世界地图几乎不约而同地引起徐光启和李之藻的注意。徐光启看到利玛窦修订后的世界地图后，对天主教的兴趣更加强烈，为此他下决心要与作者见面。1600年四五月份他来到南京与利玛窦进行了首次会面。徐光启之所以成为天主教徒，这幅地图起了很大作用。

利玛窦根据徐光启提出的"新奇而有证明"的标准，选择《几何原本》作为翻译西书的奠基性工作。他认为"此书未译，则他书俱不可得"。1607年，他和徐光启翻译了前六卷，利玛窦在与徐光启合作之前曾经尝试与中国人合译《几何原本》，但是因为对方理解困难，双方很难达成一致而放弃了。而在与徐光启的翻译中，他们常常是"笔秃唇焦"，费尽心力，可见其曲折程度。1857年，英国人伟烈亚力（Alexander Wylie，1815—1887）和数学家李善兰翻译了后九卷。

徐光启（1562—1633）字子先，号玄扈，上海人，出生于小商人兼小土地所有者家庭。1604年中进士，晚年位至文渊阁大学士。他于1600年在南京初次遇到利玛窦，1603年加入天主教。他认为天主教胜于儒学和佛教，可以"补儒易佛"。而最使他感兴趣的是天主教"更有一种格物穷理之学"。他想以科学技术来使国家富强，所以当他在京任职期间与利玛窦一起研究天文、历法、数学、测量等，合作翻译科学著作，介绍西方科学知识。他自己也有不少关于历算、测量等方面的著述，并亲自参加改历、治军和农业种植实验等科学工作。

徐光启"释义演文，讲究润色，校

知识链接

"度数旁通十事"

徐光启在与利玛窦完成对《几何原本》的翻译之后，产生的一系列数学思想。徐光启推崇《几何原本》为"度数之宗"，认识到其中阐明的基本数学理论和由公理、公式出发的逻辑严密的演绎推理方法。

改历之初，徐光启于崇祯二年（1629）上"条议历法修正岁差疏"，其中有一条是关于"度数旁通十事"的。徐光启在"度数旁通十事"中指出，度数之学对于天文历法、测量水地、音律器具、兵器、传统算学、营建、治水用水、医药、造作钟漏等都是最基本的。为此，他在编修历法、译介西方宇宙论的同时，大量引进了西方数学中的几何学、三角函数、球面三角学以及数学测量学作为编历的基础，是为《测量全义》。

徐光启

学风的转变

由于徐光启等人的热心倡导，《几何原本》等译书在学者士大夫阶层中盛行一时，学风也转入重视客观考察和讲求分析推理。

梁启超在谈论中国近代学术史时认为，利玛窦等传教士进入中国后，徐光启、李之藻等中国学者深受他们的影响，从而"对于各种学问有很深的研究……在这种情况下，学界空气，当然变换。此后清朝一代学者对于历算都有兴味，而且喜读经世致用之学，大概受徐、李诸人的影响不小"。

胡适在谈到清朝考据学的来历时，也特别强调了利玛窦的影响。人们认识到数学是其他学科的基础，必须摆脱占验迷信，独立于科学基础之上。学者们广泛推崇自由研究，发表自己的独特创见。这种治学精神一直影响到近代文人学者的学术研究风气。

近代著名数学家李善兰、华衡芳等进一步引进吸收西方古典高等数学知识，取得了许多重要数学成果。使从《几何原本》开始的西学传播更加广泛深入，对中国近代数学及其他学科的学术研究起到了重要的推动作用。但是，由于中国的保守传统太过强大，即便如此，所有这些人的努力和清朝形成的治学风气，仍未能从根本上改变中国传统科学的面貌。

1607年刊印的《几何原本》和紧接着编成的《崇祯历书》强烈地冲击着传统数学和天文学。徐光启是我国近代科学的先驱，一生在天文历法活动中成就卓著，他对《崇祯历书》的编译，可谓劳苦功高。他从事《崇祯历书》编译的目的是以翻译求会通，以会通求超胜，这套文化战略应该说是非常有眼光的，但徐光启等一批开明之士，对中国的文化背景认识不足，在强调西洋天文学至上的同时，缺乏人文的启蒙和思想的革新，而后者比前者尤为重要。正因为失去了文化支持，他翻译和传播西方天文学的科学知识，不可避免地要在中国掀起"夷夏之辨"和"西学中源说"无休无止的争论。

勘试验"，负责《崇祯历书》全书的总编工作。为了使新历法更加科学准确，徐光启多次组织人员进行天文观测，获取了大量的第一手的科学资料。在天文观测中，徐光启在我国历史上第一次制造并使用了望远镜。根据实际观测结果，徐光启又主持绘制了一幅星图，这是当时最完备、最精确的星表和星图，也是我国目前所知最早包括了南极天区的全天星图。在修历的过程中，徐光启以古稀之年主持工作，每次发生月食时总要拿着望远镜和其他人一同守候在观象台上。有一次，由于他过于专心观测，以致不慎失足从台上跌了下来，腰部和膝部都不同程度地受了伤。

1633年，徐光启病逝，《崇祯历书》于1634年全部修订完毕。这部历书虽然不是由徐光启最后完成的，但他对新历的贡献却是任何人无法比拟的。徐光启同罗雅谷合作翻译的《测量全义》十卷，详细讨论了平面三角和球面三角，诸如正弦、正切、余弦、余切这一类现在习用的三角学术语，也是由徐光启制订的。《测量全义》（1631）第十卷为《仪器图说》。"仪器"这个词汇在此卷中首次出现。

徐光启学习吸收西学是他科学生涯中的重要经历，大致可分为两个阶段。第一阶段：徐光启早在1607年和利玛窦翻译了《几何原本》前六卷，在对西方公理化体系有了深刻认识的基础上，提出数学为度数之学，是"众用所基"，是一切学科的基础，而《几何原本》乃

"度数之宗"。由徐光启、李之藻等人倡导，《几何原本》在中国数学以至其他科学的发展中起了积极的作用。之后，他和利玛窦又合作翻译了《测量法义》（约1608年定稿，1617年出版），在该书题记中，徐光启指出西洋测量与"《周髀算经》《九章》之勾股测望"在"法"的方面是相同的，而《测量法义》"贵其义"。这里的"义"是指原理，是只有在《几何原本》翻译完成后上才能传授的道理。

徐光启的另外两本书《测量异同》（1608）、《勾股义》（1617）等就是在此基础上，或者将中西的测量方法进行比较，或者站在新的"法"与"义"的高度重新看待中国传统周髀算经、九章之勾股测望术，这里的"义"就是按照《几何原本》的定理说明测算过程的依据。

第二阶段是徐光启奉命编修《崇祯历书》之后。受《几何原本》的影响，他在多次修历奏疏和计划中谈到，西洋历法中"有理有义，有法有数"，可以遵循它们进行改历；如果这样做了，不但对现今的改历有益，而且在将来修改历法时也可以作为依据。可见他的认识是很深刻的。

徐光启强调《崇祯历书》的编撰意图时认为，必须制定一部既知其然，又知其所以然的历法，对历法中的每一个误差都要穷本极源，撰著一部明白简易的历法，使得百年之后的人们也可以依法修改。徐光启的这些认识很好地反映了他的历法改革的理想和准则，同时又具有指导实践的作用。

知识链接
《测量全义》的编撰

在中国传统数学中，由于理论上缺乏依据，通常是只传其法，不释其义，中国学者一贯是"重算不理"。关于这一点，徐光启在译著《测量法义》的题记中已指出。我国古代的测量法和西洋的测量法基本相同，所不同的是在测量过程中用到的某些结论被认为是不言而喻的，而西方恰恰相反，在证明过程中当用到某个结论时，都会注明它的出处。在以翻译西方数学为代表的《测量全义》中充分体现了西方数学的这一特点。

《测量全义》是《崇祯历书》中的一种，属"法原"和"法器"部。之所以说它是"法原"，是因为在《测量全义》中主要讲述了数学与天文学之基础原理。另外《测量全义》卷三也有少量的三角函数表，在法器中有测量仪器及计算工具，主要体现在卷十。此书为后面的天体测量学和历法体系奠定了基础，是《崇祯历书》以及清朝数学家论证和研究各种数学命题时经常要引用的书籍。

在《测量全义》之后写成的著作中经常会出现《几何原本》云"或《测量全义》云"等字样；另外，《测量全义》不但多处引用《几何原本》的结论，而且进行自引，并注明"见某卷某某则"。这种根据本书已证明的命题与《几何原本》的结论论证新的定理的方法源自西方数学的传统。中世纪以后，为适应于学校的教材，西方数学著作在文本中采用前后参照的引用形式，是对于经典数学著作《几何原本》的内容和方法的推广、学习和吸收。这一特征可以被认为是《几何原本》公理化体系的延续，这种体系传入后，我国学者纷纷效仿，凡需要说明的理论依据，都用异体字标出。

《测量全义》编撰中的一些不足就是，由于编历任务繁重，人员紧缺，尽管有证明，但有的证明显得很含混。

22 明朝的历法改革

历法改革的背景

明朝中国宋元时期的学术辉煌已不复存在。明初禁止普通人私习天文和历法，甚至收藏有关书籍也是不被允许的，这是非常严苛的一条禁令。明朝官府中所掌握的数学古籍已相当少了，各种传统历算名著也几乎绝迹，人们很难一见。另外，明朝数学以实用和大众化为主要特征，数学家的兴趣主要在于为社会提供实用的数学内容，因而数学著作涉及的主要内容是与现实生活密切相关的问题、方法和数学工具。可以说，人们当时的历算知识整体上是贫乏的。

明初所用的《大统历》，最初是由刘基和高翼等人共同编定的。他们本来就对历法的研究不多，又加上时间紧迫，一时不能编出一部新历来，于是他们就将元朝的《授时历》改头换面，用来应急。元朝郭守敬编订的《授时历》是中国历史上的一部优秀历法，但如果明朝继续行用，必然面临误差累积越来越大，难以与天象相合的情况。如果用它来计算和预报日月食，出现错误也是难以避免的。

自元统修订《大统历》到 1611 年为止，所有的改历或修历提议都没有获批准，不是被礼部或钦天监一棍子打死，就是被搁置了起来。更为离奇的是，由于推算错误有时会出现"当食而不食"的现象，皇帝常常喜不自禁，以为是"上天示眷"。到了明景泰（1450—1457）、天顺（1457—1464）年间，据《大统历》推算所做的日月食预报，已多次不准。崇祯二年五月乙酉朔（1629 年 6 月 21 日）日食，钦天监的预报又发生明显错误，而礼部侍郎徐光启依据欧洲天文学方法所做的预报却符合天象，因而崇祯帝对钦天监进行了严厉的批评。此后，管辖钦天监的礼部奏请开局改历，并得到朱由检的批准，从明初就一直未断的改历呼吁总算成为现实。同年七月，礼部决定在北京宣武门内首善书院开设历局，命徐光启督修历法。

几乎与此同时，在 16 世纪初，随着西方耶稣会士的络绎东来，欧洲古典的和刚刚兴起的近代科学技术也随之传入中国，这些新颖的科学技术知识，对于传统思想根深蒂固的中国封建社会无异于投下了一束光芒四射的火花，使人耳目一新。在明末清初的将近两个世纪以来，以笔算、三角学、对数、几何学为主的各种初等数学知识作为天文学的工具随之大量传入，这时输入中国的西方数学内容还有无穷级数、球面三角、测量学等。这些数学知识，有一部分在当时欧洲来说，也是最新成就，在中国则是闻所未闻；西方的地圆说和宇宙论、天文测量仪器以及相关的天文学理论知识在中国知识阶层掀起轩然大波，这些知识的输入，大大地丰富了中国古代的数学和天文学内容，为传统数学天文学的发展注入了新鲜血液，打开了中西学术交流的大门，中国传统的数学天文学和相关科学与西方学术开始融合。

《崇祯历书》的编撰

历局成立初期已经勾画出编撰大型天文学丛书《崇祯历书》的总体框架，反映为《历书总目》一卷。《崇祯历书》自崇祯二年（1629）起至崇祯七年（1634）编撰完成的。

改历之初，徐光启于崇祯二年（1629）上"条议历法修正岁差疏"，主要阐明了"历法修正十事""修历用人三事""急用仪象十事"和"度数旁通十事"等，他在几次奏疏中都明确提出了要安排专人辅助历法制定、进行测验，在"议考成绩"一节，提出严格的考核办法。徐光启对于人员使用和供给、天文仪器的制造及历法改革急需的经费、中期考核等事务一一上疏。可以说，徐光启领导的崇祯改历在当时实为一项国家重点科研项目。

徐光启在编撰《崇祯历书》的治历疏中说："欲求超胜，必先会通，会通之前，必先翻译……翻译既有端绪，然后令甄明大统、深知法意者参考详定，熔彼方之材质，入大统之型模。"这体现了他关于中西方科学的会通归一的主要思想。

参与改历的除了中国学者外，当时还聘用了许多耶稣会士，主要有罗雅谷、邓玉函、汤若望等人参与译书工作。他们采用由传教士口头讲述，授予历局的工作人员，中国学者笔译的方式翻译有关概念和天文学理论。与此同时，还对天文实测加以验证，做出了不少改进。《崇祯历书》编译或节译的西方天文学家的著作主要包括托勒密的《至大论》、哥白尼的《天体运行论》、第谷的《新编天文学初阶》等，还涉及欧洲最新的天文学成就，如伽利略和开普勒等人的工作。

《崇祯历书》全书共 46 种，137 卷。《崇祯历书》实为编译性质，对于改历的方式方法和工作的深度，徐光启认为有三种办法可以选择。他既没有选择直接照搬西法的日月食历表；也没有选择完备深入地探究原理和方法，从根本上解决治历之道，可以随时进行立法与实测，做出修改；而是征求崇祯帝的意见后，以"节次六目"和"基本五目"的形式译撰西法，使治历有法可依，有数表可查，仍可使用二三百年。所谓"节次六目"，分别为日躔、恒星、月离、日月交食、五纬星和五星凌犯；所谓"基本五目"，分别为法原、法数、法算、法器和会通。其中以讲述天文学基础理论法原所占篇幅最大，有 40 卷之多，法数为天文用表，法算为天文学计算必备的数学知识，如三角学、几何学等，法器为天文仪器及其使用方法，会通为中西度量单位换算表。

《崇祯历书》大规模引进了西方天文学知识，同时利用了当时先进的数学和测量学知识。这部百余卷的巨著修成后，很快风靡了中国，成为中国天文学家研究西方天文学最重要的资料。

从历法改革中取得的一些思想成果

1. 对中国古代天文观测的重新认识

徐光启等人在改历过程中，发现了中国古代天文观测的一些重要缺陷，一是观测记录比较粗疏，表现在没有建立等分的基本坐标测量系统，因此天体的位置不好表示，而且对于天体位置以及发生时间没有经纬度数和时刻分秒的记录，一般只是准确到日；二是虽然代代修改历法，但是每一代都不能很好地继承前人的知识和积累，没有形成利用前人观测的传统和习惯。在学习西方天文学的过程中，徐光启在研究月球运动时已经充分意识到，要想得到一个好的月平行速度，必须积累数千年的观测，准确定出月的"均齐之数"。根据现代天文学理论，计算一个精确的天体平行速度，是保证历法精确的第一步骤。

确实，关于历代日食记录，直到明末，记录大多十分简单，通常只记"某年某月（干支），日有食之"，这只能属于常规记录，至于在史学研究中有价值的记录，例如包含了日食发生时刻、食分、亏起方位和日所在宿度等信息的记录极少，只是"偶尔有之"。另外，在古代大量的天文观测资料中存在重要的问题是由于辗转传抄而衍生出一些错误，导致后人研究和考证的困难。

2. "天行有恒数而无齐数"

徐光启在改历过程中提出了另一个重要观点——"天行有恒数而无齐数"，在《月离历指》中介绍古代西方计算月球平行速度问题时，提出了古代历家选择月食的原则，就是"去其不齐之缘，以求其齐也"。接着又指出，汉朝就以章月平分章岁，由于不于数千年间详考天行，所以没有得到一个好的"均齐之数"。

在徐光启看来，所谓"恒数"是自然界本身所具有的客观规律，而"齐数"可以理解成人为的、主观的规定，或者可以理解成按照人们认识自然或宇宙的思想和方法，运用具有主观意义的手段所力求描述客观存在的过程，天行虽然没有"齐数"，但是人们可以通过不断掌握"恒数"而不断地寻找符合当时标准的"齐数"，然后不断地推翻，再寻找，再推翻，每一次都比前一次进步，不断循环上升，达到探索宇宙奥妙的目的。这句话不仅表达了徐光启对于宇宙认识的客观性，符合历史进步的潮流，而且反映出徐光启按照自然界的本来面貌认识自然的一种科学态度，在明末的时代背景下，不失为科学认识论上的巨大进步。

3. 求其所以然之故

在以上一些基本的科学思想指导下，徐光启修历工作的基本出发点是要求历法符合于天行，而绝不能反过来强使天行就范于某种人为设定的历法。他特别批评了《元史》把历法的差误归咎于天行本身失常，并且列举了其所谓"日度失行者十事"的错误观点。与此相反，徐光启明确提出了"一切立法定数""务求与天相合，又求与众共见"的改历思想。

除了穷原极本、求其故之外，还必须上推远古，下验将来，而这两条都是徐光启从学习西方天文学理论过程中反复思考得到的。在历法改革中，徐光启非常重视测验工作，他在几次奏疏中都明确提出要安排专人辅助历法制定、进行测验。

《崇祯历书》的重要影响

徐光启的先进思想影响了近代以来的一些重要科学发现在中国的传播，以天文学为例，以下几个重要事情是徐光启在编撰《崇祯历书》及其他科学活动中首先倡导的。

第一，按照徐光启的计划，基本五目中突出了"法原"，即天文学理论，"法原"部分成为全书的核心，这与中国古代历法"详于法而不著其理"的传统做法不同。

第二，采用本轮、均轮等一整套几何模型系统来解释天体运动。而这个传统是起源于古代希腊并由托勒密进一步运用发挥到极致的。

第三，第一次明确了地球为球体的概念，对地球经纬度的测量和计算方法有了明显改进。加深了对日月食原理的理解并提高了其计算精度。

第四，第一次对夏至点和远地点（当时称为"日行最高"）进行区分，引进了近地点和远地点概念，并且指出它们的进动现象。

第五，引进了欧洲天文学的一些基本度量制度，如：分圆周为360°，并且在角度的换算中采用60进位制。在坐标系方面，引进了严格的黄道坐标系；采用从赤道起算的90°纬度制和十二次系统的经度制。

徐光启深明历理，他最先把地圆说和地理经纬度的概念介绍到中国来，并且认识到地理经纬度在天文学观测中的重要性，从而对地球经纬度的测量和计算方法有了明显改进。在他的另外一部著作《测候四说》中，关于计算日月食时的"时差"和"里差"的解释，符合科学原理，在当时做出了开创性的贡献。另外，在天文学计算中必须考虑周日视差（当时称之为地半径差）的影响的根本原因也更加清楚了。

他所译著的《崇祯历书》中的《星录》，是通过精密观测后得到的我国第一张具有近现代意义的全天恒星星图和星表，徐光启经过新的实际测量，开始采用360°经度制和由赤道起算的纬度制，另外，在《恒星历指》中首次介绍了"星等"概念。

在天文观测中，徐光启主张采用西方传入的望远镜等，他是我国第一个制造望远镜并将它用于天文观测的人。他曾经用望远镜观测日月食，在他写的《月食回奏疏》中说望远镜效果很好，精度得到提高。此后，"仪器"概念第一次出现在《崇祯历书》中。

23 清初天文仪器的制造

　　西方天文学传入中国后，由于历法改革的需要，崇祯八年（1635）徐光启制造若干天文仪器，这些仪器主要有纪限大仪、平悬浑仪、平面日晷、转盘星晷、候时钟、望远镜三个、交食仪、列宿经纬天球和万国经纬地球等，仪器由传教士罗雅谷（Jacques Rho，1593—1638）、汤若望（Johann Adam Schall von Bell，1592—1666）辅助制成，但是这些仪器没有见诸实物，是否已经造成，或已遗失，目前没有确切定论。根据历史记载，徐光启、汤若望和罗雅谷制造的装置多为木样，或者是小型仪器，便于搬运、安置和调节。关于崇祯年间制造的天文仪器，主要记录在《崇祯历书》的《测量全义》与《恒星历指》中，而这时期的著作对所造仪器的结构描述不够详细，对于制造工艺更是讨论很少，或者干脆不提。

　　清初，比利时传教士南怀仁（Ferdinand Verbiest，1623—1688）在编写《新制灵台仪象志》时，参考了罗雅谷与汤若望在《崇祯历书》中关于仪器的内容，有些是完全沿袭。南怀仁对于汤若望时期留下的仪器的名称也有所改动。

　　1669—1674年，耶稣会士南怀仁为北京观象台设计制造了六架欧洲式天文仪器，其观测精度达到了空前的水平。为了解释仪器的构造原理，以及制造、安装和使用方法，南怀仁于康熙十三年正月二十九日完成了《新制灵台仪象志》，呈献给康熙皇帝。书中明确指出将它们"公诸天下，而垂永久之意"。

　　《新制灵台仪象志》刊刻之后发挥了重要作用。至1744年，它仍是钦天监天文科推测星象的常用书籍。1714年，该书在朝鲜再版。

　　《新制灵台仪象志》总共十六卷，前十四卷是《仪象志》，后两卷是《仪象图》。在《新制灵台仪象志》一至四卷里，南怀仁描述了他新制仪器的结构，涉及许多欧洲当时最先进的力学知识与制造工艺。卷一及卷二的开头部分详述了六仪的结构、用途、优点与使用方法以及所用刻度游标在提高读数精度方面的作用。据考，南怀仁的新制仪器主要利用了第谷（Tycho Brahe，1546—1601）的著作《新天文学仪器》（*Astronomiae Institutae Mechanica*）。南怀仁对第谷的设计做了适当的简化和改进，吸收了中国的座驾造型工艺，选择了金属结构。第五至第十四卷是各种换算表——"数表"，包括天体仪恒星出入表和地平仪的观测表。《仪象图》由105版，总共117幅附图构成，主要是仪器构造、制造技术与工艺和各种说明图。仪象图是在仪器制造之前就画出了，但在实际制造时没有完全按照图纸施工，所以文字描述与仪器的实际设计与构造存在一定的差别。

知识链接

耶稣会士南怀仁

　　南怀仁（Ferdinand Verbiest，1623—1688），字勋卿，又字敦伯，比利时传教士。南怀仁于1623年10月生于比利时布鲁日（Bruges）的皮特姆镇（Pittem）。1640年10月入鲁文（Louvain）大学艺术系学习，在这里他主要学习了哲学、自然科学和数学。当时多数鲁文大学的教授把托勒密、哥白尼和第谷的体系当作假说。1641年9月他离开这所大学，加入耶稣会。两年后他回到鲁文的耶稣会学院，1645年获得哲学学位。在耶稣会学院的科学训练对南怀仁来说非常重要。1652—1653年南怀仁在罗马学习了一年多的神学。1655年南怀仁受到卫匡国（Martin Martini，1614—1661）的影响，在塞维利亚（Sevilla）获神学博士学位后，他要求去中国传教，因而获准。在离开欧洲之前，南怀仁在葡萄牙教数学。1657年4月，他随卫匡国一行扬帆启程，1658年7月抵达澳门。

南怀仁

　　1669—1674年，耶稣会士南怀仁为北京观象台设计制造了六架欧洲式天文仪器，其观测精度达到了空前的水平。康熙十三年（1674）三月，皇帝加封南怀仁为太常寺卿职衔。1678年，南怀仁将32卷《康熙永年表》呈献给皇帝，得通政使职衔。1682年又加工部右侍郎衔。

　　南怀仁是一位博学的传教士，不仅通晓天文学和数学，而且也了解1657年他离开欧洲之前的欧洲仪器制造技术，熟悉有关著作。他设计、制造完成了六架新制天文仪器，说明他消化了西方的技术，把书本描述变为切实可行的设计，而且将中国传统的铸造工艺与西方的冷加工工艺结合起来，进行实践与再创造。南怀仁在机械学方面的造诣亦是很深的。

黄道经纬仪

　　黄道经纬仪是由一个外圈和三个内圈组成的一个简化结构的仪器，而不是像传统的五到六个圈。各圈之四面分 360°，每 1° 细分 360′。为什么要制造简化结构的模型，南怀仁在书中讲得很清楚，主要是为了使得"圈少则不杂而仪清，其象更为昭显而仪之用为愈便焉"。

知识链接
《新制灵台仪象志》中的新物理学知识

　　卷二涉及的物理学知识包括，材料断裂、物质比重、物体重心等与杠杆、滑轮及螺旋等简单机械的作用原理，在上文已经针对实际应用进行了说明和解释。

　　卷三主要是测地学知识，包括北极高度及南北方向的确定、磁偏角的解释、地球半径测量、地面上高低、远近测量、地理纬度与方向表、某一地理纬圈上的 1° 弧长与赤道上 1° 弧长之比等内容。

　　卷四讨论了蒙气差，温度、湿度的测量，以及温度计、湿度计的结构与用途。温度计及湿度计在热学与气象学的定量研究中有着至关重要的作用，然而当时中国人对它们的意义几乎无所认识。南怀仁于 1671 年发表的《验气图说》涉及温度计，其中抄录了"折射表"，讨论了光谱（即彩虹）、光晕等现象，针对中国的"侯气说"进行批驳。这些知识也出自西方著作。

黄道经纬仪

　　还有测量云层高度、测量水平的方法。其次为地球曲率对长距离水平测量的影响等知识。其三是三棱镜色散、光的折射以及光线通过不同物质界面的入射角与折射角。

　　最后是运动学知识，介绍了单摆（称作"垂线球仪"）运动的等时性、单摆周期与摆幅无关而同摆长的平方根成反比等事实。

　　据考证，《新制灵台仪象志》中关于材料力学及单摆、落体、抛体的知识均译自伽利略《关于两门新科学的谈话及数学证明》。而关于物体的重心及杠杆、滑轮等简单机械则译自伽利略的《力学》一书，同时也参考了其他西方人的著作，反映了 17 世纪上半叶欧洲力学的一些最新研究成果。

赤道经纬仪

第谷制造的赤道经纬仪在《崇祯历书》的《测量全义》和《恒星历指》中都已经有所介绍,《恒星历指》中介绍的第谷式赤道经纬仪在崇祯年间的恒星测量中起着很重要的作用。

赤道经纬仪总共由三个圈构成。

第一圈,为外大圈,为恒定子午圈。它的分度法、下半弧的三分之一加固以及其滑入云饰半圈内侧的方法与黄道经纬仪的外圈完全相同。

第二圈,为赤道内圈,它离两极90°,在赤道圈和子午圈相交处,它们相互垂直地切入。在其圆柱形内表面和上侧面刻有 24 小时,每小时分为 4 刻,总计 96 刻。赤道圈外面刻有 360°,1° 分 60′。

赤道经纬仪

第三圈,为赤道纬圈内圈,它在上述两圈之内,固定于两赤极。纬圈四面列度、分、秒的方法,与赤经圈无异。

赤道经纬仪的底座设计与黄道经纬仪的相同。在游表和窥衡上设置了细分最小刻度的指线,起到了游标尺的作用。赤道经纬仪主要用于测量时间、赤经和赤纬。

地 平 经 仪

在《测量全义》中按照仪器的功能对于新法仪器进行了分类,其中的"新法地平经纬仪"就是既能够测量天体的地平经度,又能够测量地平纬度的仪器,这个仪器在《测量全义》中有附图,这是由第谷设计的欧洲传统的天文仪器,它也是在第谷的《新天

地平经仪

清朝象限仪

文学仪器》中唯一没有原型的仪器；郭守敬设计的简仪中的立运仪也具有这两个功能，但是，南怀仁进一步简化，把地平经纬仪分别设计为两架独立的仪器，即观测地平经度的地平经仪和测量地平纬度的象限仪。

地平经仪以窥衡（横表）和两根斜线构成照准面，它的地平环与第谷的地平经纬仪的地平环和郭守敬的立运仪的地平环没有区别，地平经仪的支架运用了中国风格的造型。

象　限　仪

在《测量全义》中的新法测高仪有六种形式，一式曰象限悬仪，二式曰平面悬仪，三式曰象限立运仪，四式曰象限座正仪，五式曰象限大仪，六式曰三直大仪。南怀仁发展了《测量全义》中的象限立运仪，设计了可绕立轴转动的象限仪。它的功能和郭守敬立运仪的立运环相当，但是象限仪只取立运环的四分之一。

南怀仁的象限仪是一种测量天体高度的仪器，象限仪的中心处是个直角，半径等于 2 米，而从实测得知半径是 1.98 米。在过天顶圈的中心，安装了竖立的小圆柱作为"表头"，其上装配一窥衡。按所用方法，窥衡之端头有一带长方孔的"表头"安放得恰好与小圆柱形表头上端两相对应。由象限环上量出的数从窥衡中读取，窥衡可任意向上或向下转动。

象限仪对中国人来说是全新的，直到耶稣会传教士来到中国之前，中国人一直使用表杆定高度。中国人对南怀仁所制的象限仪印象深刻，而南怀仁为了显示西方天文学的特点，在此仪器上刻了自己的签名和日期。另外，在天体仪上也有他的签名。

纪　限　仪

南怀仁的纪限仪与汤若望著、罗雅谷校订的《恒星历指》第一章中"测恒星相距器"的"测距用三角天文纪限仪"的插图有关。南怀仁在制作工艺方面做出的改进是为了使仪器稳定，用一个三角形状的架子进行加固；为了控制纪限仪的运转，他制作了一套齿轮传动装置。

另外，南怀仁在斡背添加了一撑柱，此撑柱由金属块组成，用作支撑仪器的中央轴以保持它的平衡，且不使它的地平经圈的安装发生偏离。

纪限仪的座架由两部分组成，一是可沿

纪限仪

三个方向旋转的枢轴，另一个是支撑仪器的台座。

南怀仁在安置纪限仪时考虑了仪器的"重心"，也即是他说的"仪心"，他用"权衡之理"（平衡原理）确定它们。

天 体 仪

南怀仁制作了重达2 000千克的青铜天体仪，安放在观象台的主要位置。

天体仪的设计与传统浑象相比有许多优点。首先，它安装了一套齿轮用来调整其北极高度。另外，在子午圈外规面上安有时圈，也是其革新。天体仪上标有南极星座，把天体的亮度分为六等都是沿袭了西方的传统。

1. 刻度划分与扩大刻度的负圈表

南怀仁在《新制灵台仪象志》卷二的"新仪分法之细微"中仔细描述和解释了他的横截线刻度，这些方法来源于第谷的仪器发明。

天体仪

2. 新仪坚固之力

南怀仁认为仪器太重，会导致仪器本身变形，从而使得测量不准确，因此仪器的大小需要与其重量相称，南怀仁所谓的"坚固之力"和"所承之力"相当于现代材料力学中的"刚度"和"强度"的概念。另外他认为物体有纵径和横径，需要分别讨论。

他仿照伽利略的方法，在金银铜铁等各种金属线上吊以重物，至其断裂为止，由此可测得相同直径的不同金属线所能承受的重量。由此推论，随着直径的增加，金属的承受力会同比例增加。南怀仁绘图说明了有关认识,但是他的这些方法经验色彩较浓。

3. 照准仪和照准器

南怀仁采用了欧洲的照准仪、照准器以及观测方法。这里的照准仪,相当于中国古代的"窥衡","照准器"相当于中国古代的"窥表"或"立耳"。

4. 设计特点

南怀仁考虑到仪器必须克服遮蔽,另外关于环的同心度、形心、重心与座架以及仪器的座架设计,既继承了《测量全义》的内容,但又有新的考虑。

南怀仁认为,元明简仪和浑仪的座架多有铜柱、铜梁纵横相交,立运仪位于简仪下,造成对观测角度的遮蔽,以至于不便观测一些星。另外,两仪重滞,运转、调准较困难。在他的设计中,赤道浑仪上用半环支撑赤道环,地平经仪上省去了不必要的装饰。

南怀仁在"新仪之重心向地之中心"中讨论了将仪器与天地相对应,仪器的中心与天地之中心即地心相对应。因此,用仪器可以观测天地、星体等。

5. 仪器的调节

南怀仁考虑用齿轮机构来调节重型仪器的位置,如天体仪和纪限仪。他设计的螺旋主要用于调节件和连接件,这些螺旋零件包括螺钉、螺栓、螺杆等,在仪器底座上的螺柱,用于摆正仪器。每架仪器上都设计一些大螺钉或螺栓,用作连接件,以便于拆装零部件。他在图中画出了一些利用螺旋制作的连接件、夹紧调节件、张紧调节件、剪刀调整件等,有的夹紧调节件内还含有弹簧。

24 《谈天》的翻译

中国天文学的近代化，或者说是西化，是从李善兰和伟烈亚力合译的《谈天》一书并且出版开始的。在《谈天》译成之前的二百多年里，中国天文学引进了欧洲古典天文学和近代早期的一些内容，其内容和引介的西方理论体系是混乱的。当时的中国天文学在理论上尚未完成地心体系向日心体系的转变，在技术上也未实现从古典仪器向望远镜的发展，仍徘徊在向近代天文学转变的道路上。

《谈天》原名《天文学纲要》(*Outlines of Astronomy*)，是英国著名天文学家约翰·赫歇尔(John Herschel, 1791—1871)于 1849 年出版的名著，在西方曾风行一时。1851 年李善兰与伟烈亚力合作翻译，1859 年在上海墨海书馆出版。15 年后，徐建寅又把到 1871 年为止的西方天文学最新成就补充进去，1874 年由江南制造局增订出版，以后不断重印，是目前最常见的版本。徐建寅增补的内容很多，由此也开辟了对重版天文书籍随时增补最新天文学成果的先河，对后来天文学的引进产生了影响。

知识链接
近代科学方法论的传入及影响

名著《谈天》带来了近代科学方法论和哥白尼学说的精髓。科学家哈罗德·C.尤里认为，哥白尼学说"打破了持续千年的太阳系观念，介绍了行星与太阳之关系的全新观点，由此开创了整套现代科学思想方法"。这与阮元总结的传统天文学的"言其当然，而不言其所以然者"的特点截然不同。

《谈天》卷首提到了近代科学方法论创始人培根和他的实验归纳方法论。书中认为："为学之要，必尽祛其习闻之虚说，而勤求其新得之实事，万事万物以格致真理解之。……凡有理依格物而定，虽有旧意不合，然必信其真而求其据。"17 世纪欧洲发生科学革命，近代科学由自然哲学中分化出来，逐步形成近代学科体系。1840 年以后，西方近代科学大规模地传入中国。中国学者沿用"格致"一词来指称这一由自然哲学分化而来的知识体系。此时的"格致学"就成了近代科学最早的中文名称，但此时的中西科学已经有了很大的差别。

纵览原著的开篇导言可以发现，《谈天》译本中的这些思想和原作者约翰·赫歇尔的论述相同。这也预示了当时中西方所面临的近代科学革命的历史使命是一致的。

《谈天》是继 1849 年《天文略论》《天文问答》之后，传入中国的第三部天文学专著，虽然其中许多问题在前两书中均已有所述及，但是，《谈天》是自成系统的学术著作，它对于那些已粗知西学，又想深入钻研西方天文学的中国知识分子来说，其作用远非一般普及读物所能替代。《谈天》分十八卷，另有附表、卷首列。卷一论地，卷二命名，卷三测量之理，卷四地理，卷五天图，卷六日躔，卷七月离，卷八动理，卷九诸行星，卷十诸月，卷十一彗星，卷十二摄动，卷十三椭圆诸根之变，卷十四逐时经纬度之差，卷十五恒星，卷十六恒星新理，卷十七星林，卷十八历法。《谈天》则重点叙述了天体测量学、天体力学、太阳系诸天体的运动和物理状况、恒星天文学、银河系和河外星云等，对包括哥白尼学说在内的西方近代天文学最新知识进行了全面系统的介绍。

《谈天》译者伟烈亚力与李善兰，在书前各有一篇序言，既包括他们对该书主要内容的介绍与理解，又阐明各自的译书目的。李善兰是晚清杰出的天文学家和数学家，是中国近代科学史上的第一位科学家，他在上海墨海书馆期间开始与传教士合作翻译西方科学著作，在近代天文学和数学的译介中做出了重要的贡献。伟烈亚力与李善兰有较深的学术来往，通晓汉、满、蒙等多种文字，还努力学习研究中国传统天算之学，并把它们介绍到西方，在这方面著作有《中国数学科学札记》《中国文献中的日月食记录》等。这些内容在中外近代科学交流史上产生了重要影响。

伟烈亚力在其序言中以其对西方文化的系统了解，详细地介绍了西方天文学说从古到今的变化轨迹，从托勒密地心体系到第谷学说，再到哥白尼日心体系。伟氏也略述了中国古代的宇宙论，即浑天说、盖天说、宣夜说，然后，从中西比较的角度，准确地指出中国天文学"测器未精，得数不密，此其缺陷也"，并且"其推历但言数不言象"，而西方天文学"从古至今，恒依象立法"，不仅阐明了中西方天文学的差异，也指出了中国天文学的弊病。但是，伟烈亚力在短短的序言中八次赞美造物主的伟大，三次感叹宇宙的不可思议，最后，把学习科学归结于要"修身事天"，要去报答上帝的宏恩。可见，伟烈亚力与约翰·赫歇尔的原作所提倡的科学精神是相违背的，在这一点上不如李善兰对近代科学理解之深刻与透彻。

李善兰在序言中对西学的介绍体现了他渊博的西学素养和对西学的自信。他有针对性地批评了包括一代名儒阮元在内的一些中国士大夫对西方科学不加考究、妄加议论的态度，体现了其对于真理的执着追求，也折射出西学输入以后对中学冲击的激烈程度，预示了《谈天》即将在中国产生的重要影响。

李善兰在《谈天》序言中肯定了中国传统的"苟求其故"方法。他认为正因为哥白尼、开普勒和牛顿等科学家"苟求其故"，才提出了日心说理论、太阳系天体的轨道是椭圆以及万有引力的重要发现。他用西方科学史实说明了，科学的发展是科学家们不断探索真理，"求其故"，从而使人类由"知其当然"进而"知其所以然"的过程。

李善兰深刻了解国人学习和研究天文学的现状，以及国外《谈天》的畅销和广泛普及的大背景。李善兰在对《谈天》一书学习和翻译过程中领悟到了真谛。为了广泛普及天文学之真理，李善兰在《谈天》卷首语重心长、不遗余力。他一方面针对没有接触过天文学的人，另一方面针对头脑中有陈旧观念的人，言辞恳切，态度坚决。为了教人相信真理，他从不同角度说明了学习西学的途径和道理。这也是原作者的意图。

《谈天》卷首对读者所应该掌握和提前了解的知识，诸如几何平、弧三角法、重学之初理、光学等进行说明。《谈天》中很少使用抽象公式，而代之以浅显易懂的文字，对于一门传统的数理科学，做到这一点，显然需要原作者和译者费尽苦心。

《谈天》在卷二给出了清晰的天球概念，这与现代天文学教材已经完全接轨。这部分内容是现在普通高校天文学教科书开卷必讲的知识。它的天球概念完全建立在科学研究方法之上，是球面天文学理论的坚实基础。书中阐述了这样一个思想，即把各种天体的运动都投影在天球上，通过研究它们的视现象而了解和探究它们的真实运动。可以说，这是天文学的基本研究方法。

例如，卷二"命名"中对于"天球"的命名"虚拟一无穷大球，以定诸星之方位为天空球，其半径无穷长，地心及人目俱可作球心"。这里应用了数学中的无穷大思想，由于半径无穷大，故地心及人目俱可作球心，在实际测算中既方便可行，又在理论上解决了这一近似造成的影响。这与现代天文学中对于天球的定义几乎是一致的。

卷二中还有专门一节解释天文学名词和概念，例如天球上的基本点和基本平面，各种天球坐标系，天文投影原理等。认为平行线在天球上交于一点，而平行平面在天球上交于一线，提到了球面三角形的诸要素等。

《谈天》卷三"测量"中涉及近现代天体测量学的基本思想，认为使用精密仪器对天文学观测和理论有益，分析了仪器制造、安装、放置、使用等引起的误差和人的观测而引起的误差的各种原因。

《谈天》从天体测量学的角度总结了影响天体视位置的诸因素，如蒙气差、光行差、地平视差、周年视差、章动、岁差等，这里，除岁差和蒙气差已为中国古人所认识，地平视差在计算交食时亦已考虑过外，其余均属新知识。更重要的是这些知识都被有机地组织在一个科学的系统之中，使读者以新的概念来理解这些天文学内容，这就为中国的近代天文学打下了思想基础。

《谈天》把牛顿的万有引力定律和开普勒行星运动第一、第二定律的介绍放在首要位置是非常恰当的，它们是太阳系天体运动理论的基础。书中没有用繁复的公式，而是用几何学方法描述摄动力如何作用于行星轨道，作为一个例子，书中较详细地叙述了根据天王星轨道所受摄动的情况反推海王星的过程。李善兰介绍了牛顿的万有引力学说及其与哥白尼日心地动说和开普勒行星运动定律之间的有机关系，他指出，牛顿的万有引力学说对哥白尼日心地动说和开普勒行星运动第一、第二定律的论证"是定论如山，不可移矣"。

《谈天》的翻译标志着西方近代天文学基本观念、理论和方法已经全面系统地传入中国。《谈天》不是对原著的简单翻译，而是体现了译者为了使其易于为人接受，在语言方面的再加工。《谈天》也反映了译者特别是李善兰等人对于近代天文学的理解是相当深刻的。由于他们理解的深刻，所以他们深信；由于他们深信，所以他们极力宣扬，反复论证，不遗余力，这是革命性的时代呼唤和实际行动。

就翻译的水平及其后产生的历史影响来看，李善兰等人对于《谈天》的翻译是成功的。值得特别提到的是，李善兰等人在翻译过程中创造性地使用了一系列专门的天文学术语，例如，球面天文学中的一系列名词，如月球天平动、二均差、光行差、章动、摄动、自行、双星、变星、三合星、星团、星云等，因为它们科学而贴切地反映了实际，所以在中国天文学界沿用至今。

《谈天》一书和李善兰序言的发表，再加上一些通俗的天文、地理书籍的陆续出版，使得哥白尼的日心地动学说及其所包含的近代科学理念在中国学术界逐渐深入人心。